수치해석을 위한 FORTRAN

장준호 계명대학교 토목공학과 교수
윤광열 계명대학교 전자공학과 교수

수치해석을 위한 포트란

초판 발행 2008년 6월 25일
초판5쇄 발행 2021년 7월 2일

지은이 장준호 · 윤광렬
펴낸이 최국주
펴낸곳 동명사
출판등록 1950년 11월 1일(제1－76호)
주소 (우 10881) 경기도 파주시 회동길 50(문발동)
전화 031－955－7200(대표)～2, 7203(편집부), 7204(물류)
팩스 031－955－7205
전자우편 webmaster@dmsbook.com
홈페이지 www.dmsbook.com

ISBN 978-89-411-1326-3 93000
값 18,000원

preface

포트란은 공학도라면 필수적으로 배워야 하는 주요과목 중에 하나이다. 최근 들어서 C언어나 몇몇 기계어 중심의 언어들을 많이 활용하고 있는 추세이긴 하지만, 아직까지도 공학분야에 많은 이론들이 포트란 언어로 프로그래밍 되어있으며, 많은 교육용 및 상용프로그램의 Main Engine은 포트란 언어로 되어 있다는 것을 부인할 수 없을 것이다. 그래서 국내외를 막론하고 공학파트에서는 포트란 강의가 이루어지고 있다. 본 책은 학생들이 컴퓨터 언어의 기초적인 개념을 쉽게 이해할 수 있는 교과서로서의 역할과 함께 프로그램을 개발하고자 하는 프로그래머들에게 필요한 지식을 제공하는 역할을 동시에 충족시키고자 하였다.

기존의 컴퓨터 프로그램 서적보다 학생들이 쉽게 접근할 수 있도록, Flow Chart를 모든 예제에 첨부하였으며, 코딩된 프로그램은 따로 개념적으로 용이하게 이해할 수 있도록 설명을 덧붙여 구성하였다. 또한 프로그램을 활용하여 실습하는 예제는 수치해석에서 많이 다루는 이론을 적용하여, 포트란 프로그램으로 수치해석 학습에도 도움을 받도록 구성하였다.

본 교재의 구성은 제1장에서는 FORTRAN의 개론적인 부분을 다루었고, 제2장에서는 프로그램 작성방법을, 제3장에서는 반복과 판단문을 다루었으며, 제4장에서는 내장과 외장함수를, 제5장에서는 다양한 출력방법에 대하여, 제6장에서는 배열을, 제7장에서는 부프로그램의 사용방법을 상세히 다루었으며, 제8장에서는 수치해석에서 나오는 이론을 활용한 응용프로그램을 다루었다.

내용 중 미비한 점에 대하여서는 독자들의 조언을 바라며, 저자들도 앞으로 계속 내용을 보완에 힘쓸 예정이다. 이 책의 부록부분의 프로그램 설명을 도와주신 정인규박사님, 정용욱박사님, 편집을 도와준 이재욱님께 감사의 말씀을 전합니다. 커버디자인을 한 임가은님에게도 감사의 마음을 전합니다.

끝으로 이 책을 출판하도록 배려해 주신 동명사 사장님, 김부장님, 출판국이하 관계자 여러분께 감사의 뜻을 표한다.

2008년 6월

장준호, 윤광렬

content

Chapter 1

FORTRAN의 개요

1.1 FORTRAN이란

어떠한 고급 컴퓨터도 계산처리와 정보처리를 스스로 할 수 있는 것이 아니라, 인간의 명령과 조작으로 일을 한다. 컴퓨터에 인간의 명령을 전달하는 방법에는 여러 가지가 있으나 인간이 사용하기 쉬운 언어로서 컴파일러 언어가 있다. 컴파일러 언어의 대표적인 것으로서 FORTRAN, ALGOL, COBOL, PL/1등이 있다.

[1] FORTRAN의 특징

FORTRAN은 Formula Translator의 약자이다. FORTRAN 언어에 의한 프로그램의 특징은 글을 짓는 것과 같이 공식 번역자이다. 즉 과학기술계산처리를 자랑으로 여긴다. 따라서 수학식(대수학식)을 그대로 표현할 수 있다는 것이 특징이다. 예를 들면

수 학 식	FORTRAN 표기
$c = a + b$	C=A + B
$s = a - b$	S=A − B
$m = a \times b$	M=A*B (*는 ×와 구별하기 위해)
$d = a \div b$	D=A / B (÷의 문자는 없음)

또한 FORTRAN은 BASIC과 매우 비슷하여 BASIC을 학습한 사람은 쉽게 이해할 수 있다. 그리고 세계 공통의 컴퓨터 언어이다.

[2] FORTRAN 문자

FORTRAN으로 사용 할 수 있는 문자는 숫자, 영자, 특수문자이다.

- 숫자 0, 1, 2, 3, 4, 5, 6, 7, 8, 9, 10의 문자
- 영문자 A, B, C, D, E, F, G, H, I, J, K, L, M, N, O, P, Q, R, S, T, U, V, W, X, Y, Z의 26문자
- 특수문자(13문자)

[표 1.1] 특수문자

문자	문자의 약칭	문자	문자의 약칭
␣	공백(blank)	)	우괄호
=	등호(equal)	,	컴마(comma)
+	플러스기호(plus)	.	점(period)
−	빼셈기호(minus)	$	통화기호
*	곱셈기호(asterisk)	'	따옴표(apostrophe)
/	나눗셈 기호(slash)	:	콜론
(	좌괄호		

* 기본수준에는 콜론과 통화기호 없이 특수문자는 11문자이다.

위와 같이 문자를 조합하여 FORTRAN 문법에 따라 프로그램을 작성한다. 또한 기종에 따라서는 한자 등의 문자와 상기 이외의 특수문자까지 사용 할 수 있는 확장 컴파일러도 있다.

1.2 처리순서

[1] 코딩시트

FORTRAN 언어로 프로그램을 작성할 때에는 일정한 양식을 갖춘 포트란 코딩 용지(coding sheet)에 기록한다. 일반적인 입력방법은 코딩 용지를 이용하거나 CRT 터미널의 키보드를 이용하여 직접 입력할 수 있다. 코딩 규칙은 5개의 필드로 구분하며, 각각의 내용은 다음 [표 1.2]과 같다.

[표 1.2] 코딩 용지의 작성 방법

칼럼(Column)	내 용 설 명
1	참고사항을 적기위하여 'C'나 혹은 '*'를 쓰고 설명문을 쓴다.
1 ~ 5	문번호를 기입한다(1 ~ 99999). 두 줄 이상의 긴 명령문에서는 연결 표시가 필요하다.
6	0(zero)과 공란(blank)을 제외한 모든 문자를 사용할 수 있으며, 기종의 차이는 있지만 연속된 한 문장은 일반적으로 19줄까지 사용 가능하다.
7 ~ 72	포트란의 실제 명령문을 기입한다. 반드시 7칼럼부터 시작해야 하는 것이 아니라 7칼럼 이후면 된다.
73 ~ 80	비고란은 프로그램의 실행과 상관 없다(메모용, 참고용, 문장의 일련번호 등으로 사용).

[2] 흐름도

흐름도는 어떠한 업무를 전산화 하는 과정에서 업무를 분석하여 논리적으로 재구성한 다음 컴퓨터가 처리할 일의 순서를 한 단계씩 구분하여 그림으로 표시하는 것이다. 각 단계의 상호 유기적인 관계를 일정 기호를 사용하여 일목요연하게 나타낸 도표로서 프로그램의 흐름을 알려준다. 흐름도를 작성할 경우 기호는 ISO(International Standard Organization)에서 정해 놓은 방법을 사용하여야 한다. 자주 사용하는 그림기호는 그림 1.1과 같다.

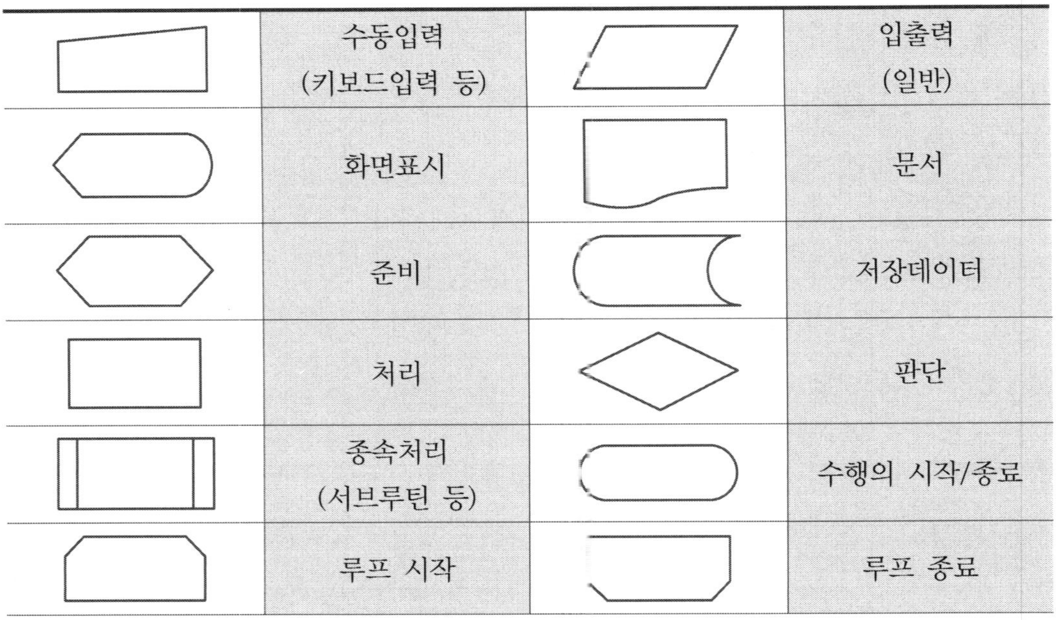

[그림 1.1] 흐름도 기호

[3] FORTRAN란 컴파일러

FORTRAN 언어로 쓰여진 프로그램을 컴퓨터가 해석할 수 있는 기계어에 번역하는 번역프로그램을 FORTRAN 컴파일러(compiler)라 한다.

프로그램을 컴파일러한 결과 문법상의 잘못이 있으면, 잘못을 나타내는 메시지가 인쇄된다. 문법상의 잘못이 없다면 기계어로 된 프로그램을 실행시킨다.

[그림 1.2] 컴파일러

Chapter 2 프로그램 작성방법

이 장에서는 간단한 프로그램의 작성방법에 대해 배운다. 먼저 데이터의 출력방법을 연습하고, 다음으로 간단한 정수의 사칙연산 그리고 실수를 포함하는 사칙계산에 대해 알아본다.

2.1 출력문

데이터와 처리결과 등을 출력(인쇄)하는 명령을 WRITE문이라 한다. 컴퓨터처리에 반드시 이용하는 명령이다.

[1] 문자의 출력(인쇄)

먼저 문자를 인쇄하는 프로그램의 작성방법에 대해 배운다. 이것과 관련하여 프로그램의 기본적인 모양을 나타내었다.

예 제

2.1 문자의 인쇄

A B C D E F G와 문자를 인쇄하는 프로그램을 작성하시오.

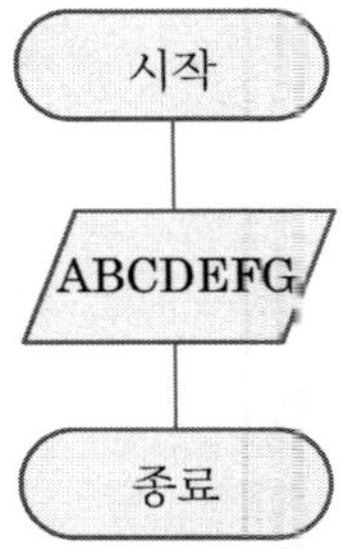

[그림 2.1] 흐름도

문자를 인쇄하는 프로그램이므로 흐름도는 그림 2.1과 같다.

(1) 프로그램

```
1  C      EXAMPLE 2-1                      문자인쇄
2         WRITE(6, *) 'ABCDEFG'
3         STOP
4         END
```

(2) 출력결과

```
A B C D E F G
```

① 1 행 : 1자릿수에 C가 있기 때문에 주석(comment)행이다. 주석행은 프로그램에 영향을 미치지 않으므로 프로그램의 내용을 보기 쉽게 하기위해 표제 등을 쓴다. 코딩시트 예(그림 1.1)와 같이 1자릿수에 C 또는 *을 쓴다. 주로 프로그램의 맨 처음 행을 주석행으로 한다.

② 2 행 : WRITE문이라 하고 문자, 수치 등을 인쇄하는 명령이다. 이 경우 '로 둘러싸인 문자를 출력한다. '을 어포스트로피라고 한다.
(6, *)에서 앞의 6은 장치지정자로 출력장치(예를 들면 라인프린터 등)를 숫자로 지정한다. 뒤의 *는 서식식별자로 서식을 지정하는 FORMAT문(나중에 배움)을 이용할 때는 그 문번호를 쓴다.
본서에서는 장치지정자를 6으로 이용하고, 흐름도 기호는 2장에서는 입출력용을 이용한다. 또한 서식식별자를 *로 한 것은 「나란히 출력」이라 하고, FORMAT문을 이용하지 않고 문자와 수치(숫자)를 출력할 수 있다.

③ 3 행 : STOP문은 컴퓨터에 처리 종료를 알리는 명령이다. 필요에 따라서 프로그램 중에 여러 번 이용할 수 있다.

④ 4 행 : END문은 프로그램의 종료를 나타내는 명령문이다. 프로그램의 맨 끝에 반드시 붙인다.

응용문제 1 로마자로 자신의 이름을 인쇄하는 프로그램을 작성하시오.

[2] 수치의 출력

컴퓨터는 소수를 포함하는 실수와 소수를 포함하지 않는 정수로 나누어 취급한다. 상세한 것은 나중에 배우지만, 처음에는 정수만 취급하는 것으로 한다. 여기에서는 정수의 인쇄방법에 대해 배운다.

예 제

2.2 수치의 인쇄

수치에 메시지문을 붙이고 인쇄하는 프로그램을 작성하시오.

(1) 프로그램

```
C       EXAMPLE 2-2                         수 인쇄
        WRITE(6, *)'1+2=', 3                수식을 인쇄
        WRITE(6, *)'3+4=', 3+4              계산결과를 인쇄
        STOP
        END
```

(2) 출력결과

```
1+2=          3
3+4=          7
```

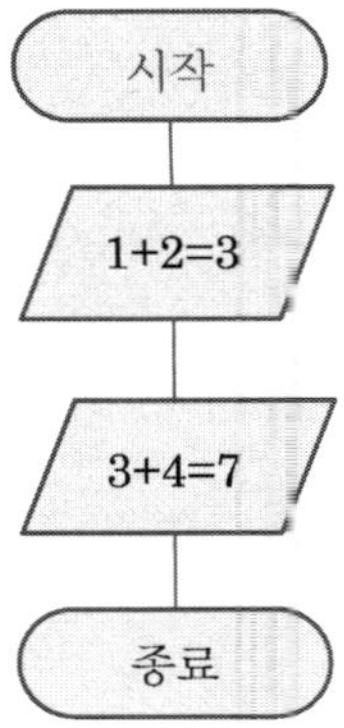

[그림 2.2] 흐름도

흐름도의 두개의 출력문을 프로그램에서는 다른 방법으로 수치를 인쇄한다. 2행에서는 '1+2= '라는 문자데이터와 수치데이터 3을 인쇄하고, 3행에서는 문자데이터와 계산결과를 인쇄한다. 문자데이터는 "로 나타내고, 수치데이터는 수치 그대로 계산결과를 인쇄할 수 있다. 또한 컴퓨터에서 취급하는 수치는 자릿수를 지정할 수 있지만, 처음에는 지정하지 않고 취급하는 것으로 한다. 이 경우 정수는 10자릿수 정도까지 이용할 수 있다.

응용문제 2 1987+912를 계산하고, 인쇄시키는 프로그램을 작성하시오.

2.2 사칙연산

[1] 대입문

FORTRAN에서는 수를 취급하는 경우 수를 영숫자로 바꿔 계산 처리하는 경우가 많다. 수치를 대입하는 영숫자를 변수라 한다. 여기에서는 변수의 의미와 이용방법에 대해 배운다.

예 제

2.3 변수

수치 20을 변수 I에 대입하고, 인쇄하는 프로그램을 작성하시오.

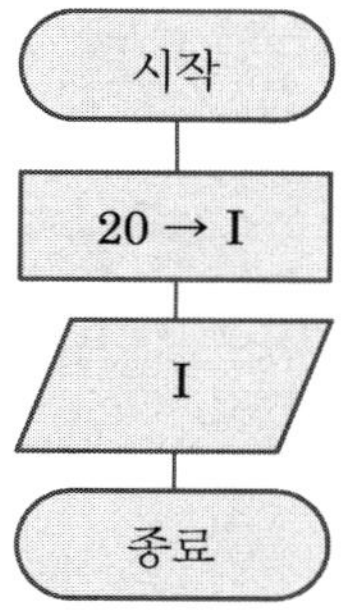

[그림 2.3] 흐름도

(1) 프로그램

```
1  C      EXAMPLE 2-3                  변수
2         I=20                         대입문
3         WRITE(6, *)'I=', I
4         STOP
5         END
```

(2) 출력결과

```
I = 20
```

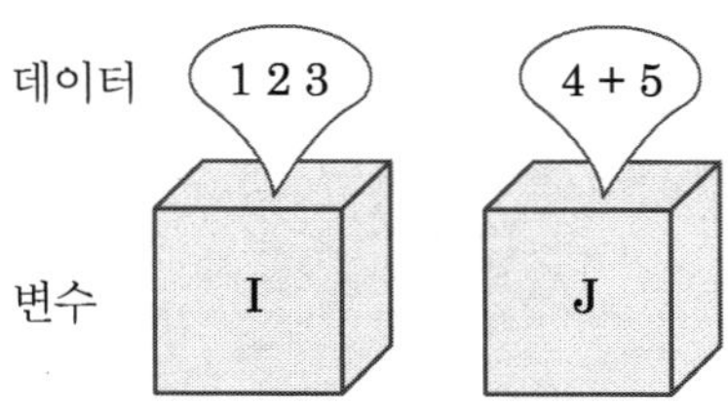

[그림 2.4] 변수

흐름도는 그림 2.3과 같고, 대입문은 직사각형의 그림기호를 이용한다.
프로그램 2행과 같이 수치데이터 20을 변수 I에 대입하는 문을 산술대입문이라 한다. 식의 좌측 변수에 등호의 우측 수치 또는 계산결과 등을 대입한다.
변수는 그림 2.4와 같이 데이터를 보관하는 상자의 이름이라고 생각하면 된다.

따라서 수학과 달리 FORTRAN에서는 다음과 같은 식도 이용할 수 있다.

I = 10 (결과는 I = 10)

I = I + 20 (결과는 I = 30)

변수는 영문자로 시작되는 6자 이내의 영숫자를 사용한다. 또한 정수형의 변수에는 I, J, K, L, M, N의 영문자로 시작되는 6자 이내의 영숫자를 사용한다. 이것을 묵시적 형선언이라 한다.

응용문제 3 수치 4321을 변수 K에 대입하고 인쇄하는 프로그램을 작성하시오.

응용문제 4 다음 변수 중 실수형에는 R을, 정수형에는 I를, 어느 쪽에도 속하지 않는 것에는 Z를 ( ) 안에 입력하시오.

[2] 사칙연산

여기에서는 간단한 정수의 사칙연산을 하는 프로그램의 작성방법에 대해 배운다.

예 제

2.4 합과 곱 (덧셈과 곱셈)

정수 10과 20의 합과 곱을 구하는 프로그램을 작성하시오.

(1) 프로그램

```
C       EXAMPLE 2-4                    덧셈과 곱셈
        I=20
        J=20
        KSUM=I+J
        KMUL=I*J
        WRITE(6, *)'DATA=', I, J
        WRITE(6, *)'SUM=  ', KSUM
```

```
8          WRITE(6, *)'MULTI=', KMUL
9          STOP
10         END
```

(2) 출력결과

```
DATA=  10      20
SUM  =  30
MULTI=  200
```

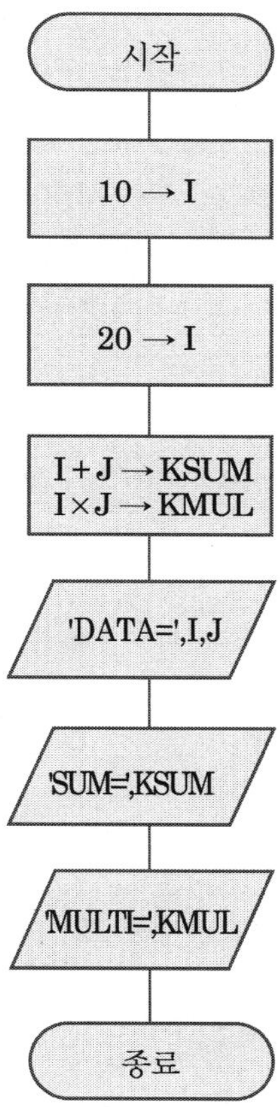

[그림 2.5] 흐름도

그림 2.5와 같이 산술대입문과 WRITE문으로 예제 2.4의 처리를 할 수 있다. 프로그램 4행은 합의 계산, 5행은 곱의 계산이다.

FORTRAN에서는 수학의 연산기호와 일부 다르며, 표 2.1과 같이 5가지의 산술 연산자를 이용한다.

괄호는 모두 ( )를 이용하고, 대소의 구별 없이 내측 괄호를 우선한다.

또한 산술연산자의 우선순위는 **, *와 /, +와 -의 순서이다.

FORTRAN의 산술식은 수학과 다르며 모든 정수와 변수를 산술연산자로 끝내야한다. 표 2.2에 FORTRAN 산술식의 예를 나타내었다.

[표 2.1] 산술연산자

수학기호	FORTRAN
+	덧셈
−	뺄셈 또는 부호반전
*	곱셈
/	나눗셈
**	자승(거듭제곱)

[표 2.2]

수학	FORTRAN
$2I+1$	2*I+1
$4I^2+2$	4*I**2+2
$(2I+1)(3I+5)$	(2*I+1)*(3*I+5)
$8I\div 2I$	(8*I)/(2*I)
$3\{2K+(3J+6)\}$	3*(2*K+(3*J+6))

실수를 사용하는 경우에는 여러 가지 제약이 있는데, 나중에 기술한다.

응용문제 5 80과 20의 덧셈, 뺄셈, 곱셈, 나눗셈을 구하는 프로그램을 작성하시오.

응용문제 6 12의 2승, 3승, 4승을 구하는 프로그램을 작성하시오.

응용문제 7 M=7일 때 다음 식의 값을 구하는 프로그램을 작성하시오.

(1) $2M+9$ (2) $4M^2-5$ (3) $5\{2M+(3M^2+1)\}$

[3] 입력문

데이터를 키보드나 카드 읽기장치 등으로부터 읽는 명령을 READ문이라 한다. READ문에 데이터를 입력하여, 계산 처리시키는 프로그램의 작성방법에 대해 배운다.

예 제

2.5 뺄셈과 나눗셈

두 개의 정수를 읽고, 뺄셈과 나눗셈을 구하는 프로그램을 작성하시오.

(1) 프로그램

```
C     EXAMPLE 2-5                      뺄셈과 나눗셈
      READ(5, *) I
      READ(5, *) J
      KSUB=I-J
      KDIV=I/J
      WRITE(6, *)'DATA=', I, J
      WRITE(6, *)'SUBTRACTION=   ', KSUB
      WRITE(6, *)'DIVISION=', KDIV
      STOP
      END
```

(2) 출력결과

```
150
18
DATA=  150  18
SUBTRACTION=     132
DIVISION=  8
```

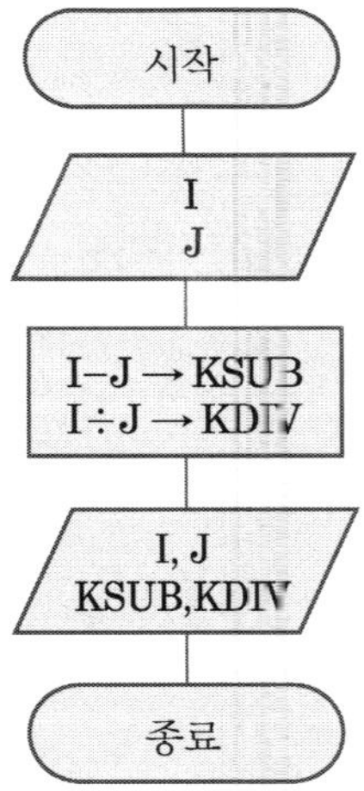

[그림 2.6] 흐름도

데이터를 읽는 흐름도 기호는 장치에 따라 다른 그림기호도 있지만, 여기에서는 그림 2.6과 같이 WRITE문과 같은 평행사변형을 사용하기로 한다.
흐름도를 기초로 코딩하면 프로그램 예와 같은 결과를 얻을 수 있다.

① 2행, 3행 : 데이터를 입력하는 READ문이다. READ문의 (5, *)에서 5는 장치지정자라 하며, 입력장치(예를 들면 카드판독기 등)를 숫자로 지정한다. 뒤의 *를 서식지정자라 하며, 데이터의 서식을 지정하는 FORMAT문을 이용하는 경우는 그 문번호를 쓴다.
서식지정자를 *로 한 경우를 「병행 입력문」이라 하며, FORMAT문 없이 데이터를 입력할 수 있다. 이 경우 정수는 10자릿수 정도까지 입력할 수 있다.

② 4행, 5행 : 뺄셈 및 나눗셈을 구하는 대입문이다. 계산결과를 대입하는 변수에는 KSUB 및 KDIV와 K가 붙어 있다. 이것은 계산결과도 정수로 나타내기 위한 것이다. 나눗셈의 결과가 소수를 포함하는 경우에는 소수점이하를 버린다.

응용문제 8 두 개의 정수를 읽고, 그 덧셈, 뺄셈, 곱셈, 나눗셈을 구하는 프로그램을 작성하시오.

응용문제 9 직사각형의 세로, 가로를 읽고, 그 면적을 구하는 프로그램을 작성하시오. 인쇄 예를 다음과 같이 나타내었다.

```
HEIGHT =        45
WIDTH =         28
AREA =        1260
```

2.3 정수와 실수

FORTRAN에서는 수를 정수와 실수로 나누어 취급한다. 지금까지는 간단한 정수만 취급했지만, 여기에서는 실수의 취급방법을 정수와 비교하면서 배운다.

[1] 정수와 실수

먼저 실수와 정수의 차이에 대해 알아보자.

예 제

2.6 정수와 실수

정수 10을 실수형 변수와 정수형 변수에 대입하고, 인쇄하는 프로그램을 작성하시오.

(1) 프로그램

```
C       EXAMPLE 2-6                  정수와 실수
        A=10                         실수
        I=10                         정수
        WRITE(6, *)'A=', A
        WRITE(6, *)'I=', I
        STOP
        END
```

(2) 출력결과

```
A = 10.0000000
I = 10
```

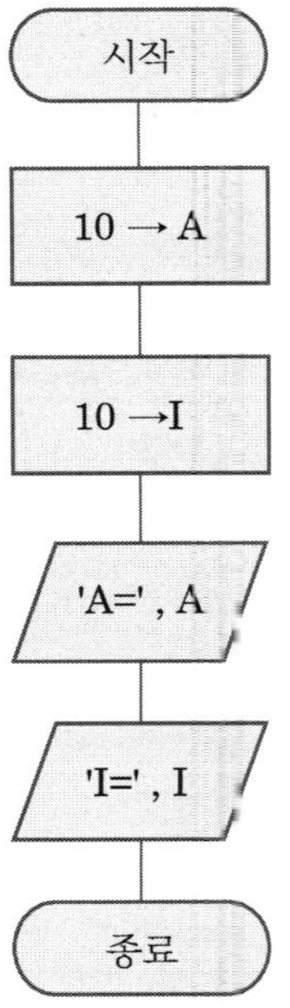

[그림 2.7] 흐름도

① 2행 : 변수 A는 I~N 이외의 문자로 시작되는 변수이기 때문에 실수형 변수이다. 그래서 A에 대입된 10이라는 정수는 실수로서 취급된다. 출력결과를 보면 소수점을 포함하는 실수로 인쇄된다. 앞에서 기술한 것과 같이 변수명의 머리글자의 종류에 따라 실수형인지 정수형인지 정하는 것을 묵시적 형선언이라 한다.

② 서식식별자를 *로 한 경우 컴퓨터에서는 유효숫자 7자릿수의 실수로서 취급할 수 있다. 자릿수가 7자리 이상인 경우에는 반올림된다. 변수 I는 정수형으로 출력결과는 소수를 포함하지 않는 정수가 된다.

[2] 실수의 계산

예 제

2.7 원주와 원의 면적

원의 지름을 입력하여 원주와 원의 면적을 구하고 인쇄하는 프로그램을 작성하시오.

(1) 프로그램

```
C       EXAMPLE 2-7                         원주와 면적
        READ(5, *)D
        AL=3.14159*D
        S=3.14159*D**2/4
        WRITE(6, *)'DIAMETER=', D
        WRITE(6, *)'CIRCUMFERENCE=  ', AL
        WRITE(6, *)'AREA= ', S
        STOP
        END
```

(2) 출력결과

```
25.8
DIAMETER=  25.800003
CIRCUMFERENCE=  81.053024
AREA=  522.791992
```

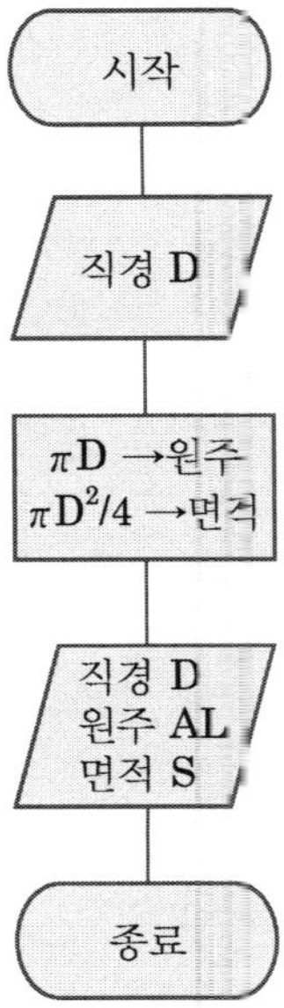

[그림 2.8] 흐름도

프로그램 3행이 원주를 계산하는 대입문이다. 길이의 기호에는 보통 L을 사용하지만, L은 정수형 변수이므로 AL로서 실수형으로 취급한다. 또한 π의 값은 수치데이터를 이용한다. 정수형과 실수형의 혼합연산은 다음과 같이 한다.

① 정수와 정수의 연산결과는 정수로, 나눗셈에서 소수점이하는 버린다.

② 실수와 실수의 연산결과는 실수

③ 실수와 정수의 연산결과는 실수

이와 같이 컴퓨터에서는 정수와 실수를 구분하여 처리하므로 식의 변형에 따라 연산결과가 다른 경우가 있기 때문에 주의가 필요하다. 다음으로 동일결과를 얻으려고 하는 경우 식의 변형이 허용되는 예와 허용되지 않는 예를 나타내었다.

(2) 출력결과

1) 허용되는 예

① X+Y → Y+X

② X*Y → Y*X

③ −X+Y → Y−X

④ X+Y−Z → X+(Y−Z)

⑤ X−Y+Z → X−(Y−Z)

⑥ X*B/Z → X*(B/Z)

⑦ X*Y−X*Z → X*(Y−Z)

⑧ A/B/C → A/(B*C)

⑨ A/5.0 → 0.2*A

2) 허용되지 않는 예(I, J는 정수형 변수)

① I/2 → 0.5*I

② X*I/J → X*(I/J)

③ I/J/A → I/(J*A)

정수처리에 의한 소수점이하 버림과 연산우선순위에 따라 허용되지 않는 예의 경우에는 계산결과에 오차가 생긴다. 예를 들면 (1)의 경우 I=7이면 좌측 식에는 3이 되고, 우측 식에는 3.5가 된다.

응용문제 10 다음 각 값을 구하시오.

(1) I=4/2+5/3+1.2

(2) R=3**2+9/4+2.5*3

응용문제 11 삼각형 밑변 A, 높이 H를 입력하여 면적을 구하고 인쇄하는 프로그램을 작성하시오.

응용문제 12 X의 값을 입력하여 Y_1, Y_2의 값을 계산하고 인쇄하는 프로그램을 작성하시오.

$$Y_1 = 2X+1$$

$$Y_2 = \frac{3X^2-2X+5}{4}+7$$

2.4 정수와 실수의 서식지정

지금까지 수치데이터의 자릿수는 지정하지 않고 취급하였지만, 입출력을 효율적이면서 보기 쉽게 하기 위해서는 자릿수를 지정하는 것이 좋다. 자릿수 등의 서식지정은 병행 입출력에 의해 지정할 수도 있지만 FORMAT문을 이용한 기본적인 서식지정방법에 대해 배운다.

[1] 정수의 서식지정

FORTRAN에서는 정수와 실수를 구분하여 취급한다. 먼저 정수의 서식지정에 대해 알아본다.

> **예 제**
>
> **2.8** 정수의 합
>
> 4자릿수 이내의 정수를 입력하고 그 합을 인쇄하는 프로그램을 작성하시오.

(1) 프로그램

```
C       EXAMPLE 2-8                        정수의 합
        READ(5, 100)IA, IB
    100 FORMAT(I4, I4)
        ISUM=IA+IB
        WRITE(6, 200)IA, IB, ISUM
    200 FORMAT(' ',I4, '+', I4, '=', I5)
        STOP
        END
```

(2) 출력결과

```
1234+567=1801
```

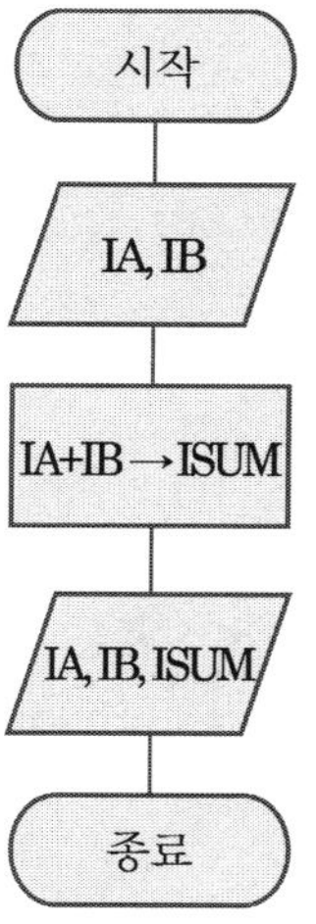

[그림 2.9] 흐름도

3행의 문번호 100과 6행의 문번호 200이 입출력의 서식을 지정하는 FORMAT문이다. 각각의 문번호는 READ와 WRITE문의 서식식별자로 지정한다.
문번호 100 FORMAT문의 I4라는 것은 IA라는 데이터가 정수 4자릿수라는 것을 지정한다. I4를 형식지정자라 한다.
IA,IB 모두 4자릿수의 정수이고, 출력결과와 같이
1 2 3 4 ␣ 5 6 7 (␣은 공백)
라고 입력한 경우에는 IA = 1234가 되고 IB = 567이 된다.

[표 2.3] IA의 경우

입력 데이터	IA의 값
_ _ 1 2	1 2
1 2 _ _	1 2 0 0
1 2 _ 3	1 2 0 3
1 2 3 _	1 2 3 0
− 1 2 3	− 1 2 3
1 2 3 4 5	1 2 3 4
2.3	ERROR

데이터에 공백 등을 포함하는 경우에는 표 2.3과 같다. 자릿수는 등호도 포함하며, 입력데이터의 자릿수가 형식지정자의 지정보다 크면, 다음 숫자는 무시된다. 또한 같은 자릿수를 다수 지정하는 경우에는 nI w와 같이 쓸 수도 있다. 문번호 100은 다음과 같이 나타내어도 된다. 반복가능 형식지정자라 한다.

100 FORMAT (2I4)

WRITE문의 서식지정에서는 FORMAT문의 맨 처음에 행을 전송하고 제어한다. 상세한 것은 나중에 배우지만, 문번호 200의 '␣'는 행을 바꾸는 명령이다. '을 어포스트로피 형식지정자라 한다.

FORMAT문 안에서는 문자와 기호를 "로 묶어서 출력할 수 있다. 문번호 200에는 +와 =을 이 방법으로 출력하고 있다. 또한 어포스트로피 형식지정자는 READ문에서는 이용할 수 없다.

FORMAT문에서는 형식지정자를 「,」로 단락 짓고, 형식지정자의 순서는 WRITE문의 변수 순서에 각각 일치시킨다. 프로그램 예에서는 IA, IB가 I4로 정수 4자릿수, IWA가 I5로 정수 5자릿수가 된다.

응용문제 13 3자릿수의 정수 2개를 입력하여, 그 곱셈을 인쇄하는 프로그램을 작성하시오. 인쇄는 다음과 같이 한다.

○○○*○○○=○○○○○○○

응용문제 14 직육면체의 변의 길이 (I4)를 입력하여, 그 표면적을 구하고 인쇄하는 프로그램을 작성하시오.

[2] 실수의 서식지정

소수를 포함하는 실수의 형식지정자에는 2가지 방법이 있다. 여기에서는 정수부와 소수부로 나타내는 F형 형식지정자에 대해 배운다. 지수형식으로 나타내는 E형 형식지정자는 나중에 배운다.

예 제

2.9 실수의 합

소수부 2자릿수를 포함하는 실수를 2가지 입력하고, 그 합을 인쇄하는 프로그램을 작성하시오.

(1) 프로그램

```
C        EXAMPLE 2-9                          실수의 합
         READ(5, 100)A, B
     100 FORMAT(F7.2, F7.2)
         WA=A+B
         WRITE(6, 200)A, B, SUM
     200 FORMAT(' ', F7.2, '+', F7.2, '=', F7.2)
         STOP
         END
```

(2) 출력결과

```
1234.56 + 456.78 = 1691.34
```

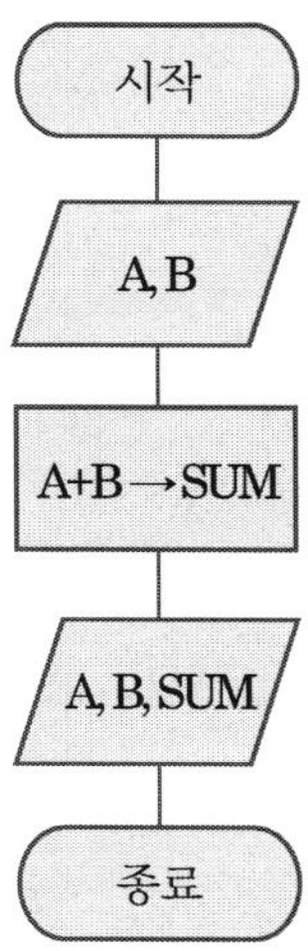

[그림 2.10] 흐름도

문번호 100에 있는 F형 형식지정자는 다음과 같은 의미를 갖는다.

F 7.2　전체 7자릿수, 소수부 2자릿수

소수부자릿수

부호를 포함한 전체 자릿수

[예] 1 2 3 4. 5 6(소수점도 전체 자릿수에 포함)

- 1 2 3. 4 5(부호도 전체 자릿수에 포함)

정수형의 경우와 같이 공백은 0으로 간주하고, 데이터와 서식지정의 소수점위치가 일치하지 않을 때는 데이터의 소수점을 우선한다. 표 2.4에 그 예를 나타내었다.

[표 2.4] F7.2의 경우

입력 데이터	IA의 값	비고
_ _ _ 1 . 2 3	1 . 2 3	공백은 0으로 간주
- 1 2 3 . 4 5	- 1 2 3 . 4 5	
_ 1 _ 2 . 3 4	1 0 2 . 3 4	
1 . 2 3 4 5	1 . 2 3 4 5	데이터의 소수점을 우선
1 2 3 4 . 5 6	1 2 3 4 . 5 6	
1 2 3 4 5 6	1 2 3 4 . 5 6	서식에 의해 소수점 부여

프로그램 예와 같이 F7.2로 하여 다음과 같이 입력한 경우

1 2 3 4 . 5 6　4 5 6 . 7 8

변수 A, B는 각각 다음과 같다.

A = 1234.56

B = 456.78

또한, 같은 형식지정자를 다수 지정할 때는 다음과 같이 쓸 수 있으며 F형 형식지정자의 반복가능 형식지정자이다.

$nFw.d$ (n이 반복수, w가 전체 자릿수, d가 소수부 자릿수)

즉, $w \geq d+3$이 된다.

문번호 100의 FORMAT문은 다음과 같이 나타내도 된다.

100 FORMAT (2F7.2)

응용문제 15 F5.2의 실수 2개를 입력하고, 그 곱셈을 F7.2로 인쇄하는 프로그램을 작성하시오.

응용문제 16 시속 [km/h]를 입력하고, 초속[m/s]로 변환하여 인쇄하는 프로그램을 작성 하시오.(초속 [m/s]=시속[km/h] ÷3.6)

출력예 : ○○○KM/H = ○○○○.○○M/S

I3　　　　　F7.2

2.5 프로그램문과 변수형 선언문

지금까지 기본적인 프로그램의 작성방법에 대해 기술하였다. 프로그램 작성에 관련하는 것으로 PROGRAM문과 변수의 형선언문에 대해 알아보자.

[1] PROGRAM문

프로그램에는 나중에 배우지만, 주프로그램과 서브루틴 및 함수가 있고 프로그램의 첫머리에는 그 구분을 써야한다.(단, 주석문은 제외) 주프로그램의 경우에는 PROGRAM문을 쓰게 되어 있지만, 생략이 가능하여 쓰지 않는 경우도 많다. 서브루틴(SUBROUTINE) 및 함수(FUNCTION)를 부프로그램이라 한다. 부프로그램은 생략할 수 없으며 쓰여 있지 않는 경우에는 주프로그램이다. 그리고 실행 가능한 프로그램은 1개의 주프로그램 또는 1개의 주프로그램과 1개 이상의 부프로그램으로 구성된다. 다음으로 PROGRAM문의 예를 나타내었다.

[예]
```
      PROGRAM EXAMPLE 1
C     COMPUTER
```

[2] 변수의 형선언

FORTRAN에서는 정수와 실수를 구분하여 취급하고, 변수도 구별하여 이용한다.

변수는 특히 지정하지 않는 경우에는 앞에서 기술한 것과 같이 묵시적 형선언이 따른다. 이 묵시적 형선언이 따르지 않는 변수를 이용하고 싶을 때는 먼저 선언문으로 지정하여 이용할 수 있다.

변수의 유형에는 실수·정수 외에 여러 가지가 있으며, 선언문은 실행문과 나중에 배우는 DATA문이나 문함수 앞에 있어야한다. 다음으로 그 유형구분과 선언문의 예를 나타내었다.

① 정수형 INTEGER A, B, C

② 실수형 REAL I, J, K

③ 배정도실수형 DOUBLE PRECISION A, K, Z

④ 복소수형 COMPLEX B, C, D

⑤ 논리형 LOGICAL N, M, P

⑥ 문자형 CHARACTER A*5, B*3, K*8

문자형 변수 뒤의 수치는 문자수를 나타낸다. 여기에서는 ①과 ②만 취급한다. IMPLICIT문을 이용하면 모아서 변수의 형선언을 할 수 있다.

다음으로 그 예를 나타내었다.

[예] IMPLICIT INTEGER(A-H), REAL(I, J, K)

위의 예에서는 A에서 H까지가 정수형 변수로, IJK가 실수형 변수로 선언된다.

예 제

2.10 원리합계

원금 10만원을 연이율 5%로 예금했을 때, 년수를 입력하면 원리합계를 출력하는 프로그램을 작성하시오.

(1) 프로그램

```
C       EXAMPLE 2-10                    원리합계
        PROGRAM INTEREST
        INTEGER A, B, R
        B=100000
```

```
      R=5
      READ(5, *)N
      A=B*(1+R/100.0)**N
      WRITE(6, 100)A
  100 FORMAT(' ', '원리합계=', I8, '원')
      STOP
      END
```

(2) 출력결과

```
10
원리합계 = 162887원
```

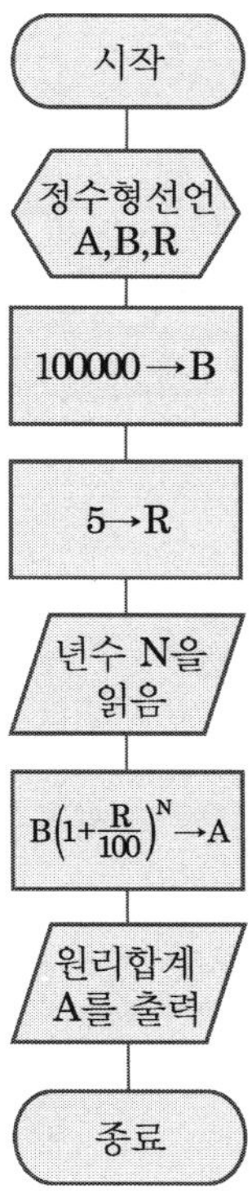

[그림 2.11] 흐름도

복리계산에 의한 원리합계 A는 원금을 B, 이율을 R[%], 년수를 N이라 하면 다음과 같은 식이 된다.

A = B(1 + R/100)N

① 2행 : 주프로그램을 나타내는 PROGRAM문이다.

② 3행 : 원리합계 A, 원금 B와 이율 R을 정수형 변수로 선언한다. 이 결과 원리합계 A는 정수로 출력된다.

③ 7행 : 원리합계의 계산

연습문제

1. 변수 I, J에 2개의 정수 (I5)를 입력하고, J, I의 순서로 인쇄하는 프로그램을 작성하시오.
2. 정수(I3)을 입력하고, 그 2승, 3승, 4승을 인쇄하는 프로그램을 작성하시오.
3. 정수(I3)을 입력하고, 다음에 나타낸 식의 계산결과를 식과 함께 인쇄하는 프로그램을 작성하시오.

   (1) $2K+1$

   (2) K^2-2K

   (3) $K\{3-K(K^2-1)\}$
4. X (F4.1)를 입력하고, 다음식의 계산결과를 식과 함께 인쇄(F7.2)하는 프로그램을 작성하시오.

   (1) $2X^2-3X+1$

   (2) $(2X+1)(5X-3)/(3X^2+2)$
5. 다음 데이터는 제도용지의 세로와 가로 값이다. 각각의 면적[m^2]을 구하는 프로그램을 작성하시오.

종이크기	A0	A1	A2	A3	A4
세로[mm]	841	594	420	297	210
가로[mm]	1189	841	594	420	297

6. 원주의 지름 D (F4.1)와 높이 H(F4.1)를 입력하고 그 단면적(F7.2)과 부피(F7.2)를 인쇄하는 프로그램을 작성하시오. 단, $\pi=3.14159$로 한다.
7. 각도를 호도법 라디안으로 변환하는 프로그램을 작성하시오. 여기서 $\pi=3.14159$로 한다. $2\pi[rad]=360°$이므로 $rad=\pi\times$도$/180$이 된다. 결과는 F7.4로 인쇄하시오.
8. 삼각형의 세변의 길이 (F5.1)를 입력하고, 그 면적을 구하는 프로그램을 작성하시오. 세변에서 면적을 구하는데 다음의 헤론의 공식이 있다. 제곱근은 0.5승으로 구하고, 결과는 F7.2 로 인쇄하시오.

$$p=\frac{a+b+c}{2}$$

$$S\sqrt{p(p-a)(p-b)(p-c)}$$

9. 원금(I6)과 년수(I2) 및 연이율 %(F5.2)를 입력하고, 복리법에 의한 원리합계(I7)를 구하는 프로그램을 작성하시오. 복리법에 의한 계산은 다음과 같이 구한다.

$Y = X(1+r)^{n}$

X : 원금

r : 연이율

n : 년

Y : 원리합계

Chapter 3

반복과 판단

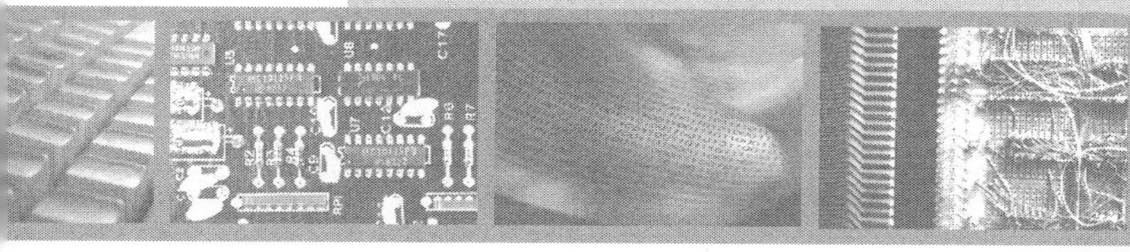

지금까지 배운 프로그램은 명령을 명령문(statement)의 순서에 따라 실행시켰다. 처리내용에 따라 몇 개의 통합된 명령을 여러 번 반복시키거나, 프로그램 도중에 조건에 따라(조건을 판단해서) 순서를 변경할 필요가 있다.

IF문, GO TO문, DO~CONTINUE문을 이용하여 판단과 반복에 대해 배워보자.

3.1 IF문과 GO TO문에 의한 반복

[1] GO TO문(무조건 우선)

GO TO 문번호

1자릿수 띄운다. 건너뛰는 문번호

GO TO문의 뒤에 오는 문번호로 무조건 건너뛴다.

GO TO 10

무조건 문번호 10의 명령문으로 간다.

```
10    READ (5,*) I, J
      K=I+J
      WRITE (6,*)I, J, K
      GO TO 10
        ≀
      GO TO 30
        ≀
30    WRITE (6,*) A
```

예 제

3.1 면적의 계산

직각삼각형의 밑변 IA[cm]와 높이 IH[cm]를 읽고, 면적 IS[cm^2]을 반복하여 구하고 인쇄하는 프로그램을 작성하시오.

① 1행 : 주석행, 프로그램명이 쓰여 있다. 주석행은 프로그램에 영향을 미치지 않으며, 프로그램을 알기 쉽게 하기위해 사용한다.

② 2행 : 제목의 인쇄, WRITE문에서 ''로 나타낸 범위의 문자는 그대로 프린터에 인쇄 시킨다. 단, 공백도 문자로 취급한다.

③ 3행 : 밑변 IA와 높이 IH를 읽는다.

④ 4행 : 삼각형의 면적 IS를 계산한다.

⑤ 5행 : 밑변 IA, 높이 IH, 면적 IS를 인쇄한다.

⑥ 6행 : GO TO 10을 실행시키면, 무조건 문번호 10의 명령문(3행의 READ문)으로 건너뛴다. 따라서 STOP문, END문은 실행되지 않고, 3행과 6행에서 반복하여 루프된다.

반복 루프에 의해 6행을 실행하면, 반드시 3행으로 건너뛰기 위해 3행의 밑변 IA, 높이 IH 데이터를 다 읽어도 다시 3행에서 데이터의 입력을 기다린다. 그러므로 실행을 중지시키기 위해 STOP(기종의 차이가 있기 때문에 매뉴얼을 참고할 것) 키를 누른다.

STOP키를 누름에 따라 실행하고 있는 프로그램을 정지시킨다.

(1) 프로그램

```
1   C       EXAMPLE 3-1                    면적 계산
2           WRITE(6, *)'      밑변    높이    면적'
3       10  READ(5, *)IA, IH
4       IS=IA*IH/2
5       WRITE(6, *)IA, IH, IS
6       GO TO 10
7       STOP
8       END
```

(2) 출력결과

밑변	높이	면적
10	5	25
15	10	75
20	10	100
20	20	200
35	20	350

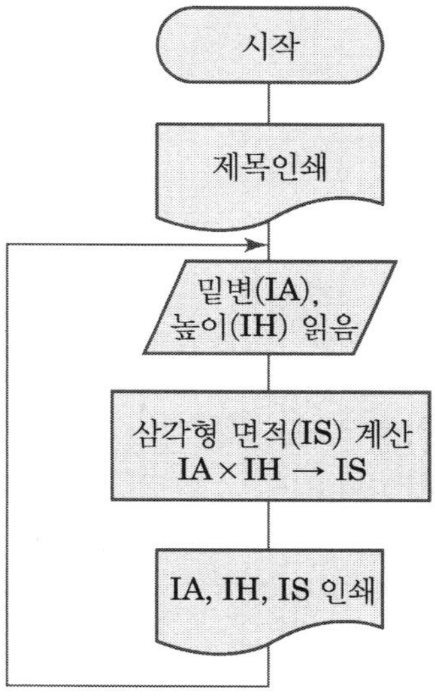

[그림 3.1] 흐름도

이 예제의 경우 STOP문이 실행되지 않기 때문에 STOP문은 없어도 된다.

응용문제 1 직사각형의 세로길이 IT[cm], 가로길이 IY[cm]을 읽고, 면적 IS[cm^2]을 반복하여 구하고 인쇄하는 프로그램을 작성하시오.

[2] 계산형 GO TO문(computed GO TC statement)

GO TO (S_1, S_2, S_3) i

S_1, S_2, S_3는 문번호, i는 정수형 변수

계산형 GO TO문은 다음과 같이 사용한다.

```
A=50.0
B=20.0
READ (5, *)I
GO TO (10, 20, 30) I
```

I=3일 때 문번호 30으로 간다.

I=2일 때 문번호 20으로 간다.

I=1일 때 문번호 10으로 간다.

```
10 C=A+B
     ≀
20 D=A-B
     ≀
30 E=A*B
     ≀
```

예 제

3.2 기온의 인쇄

코드번호 I, 8월의 날짜 IN과 기온 T를 입력하고, 날짜, 지명, 기온을 인쇄하는 프로그램을 작성하시오. 단, 코드번호 1은 서울, 2는 대구, 3은 부산이다.

① 2행 : 제목의 인쇄, DAY (℃) 인쇄

② 4행 : 코드번호 I, 날짜 IN, 기온 T 입력

③ 5행 : 코드번호 I=1일 때 문번호 20
I=2일 때 문번호 30 으로 간다.

I=3일 때 문번호 40

④ 6행 : 문번호 601을 참조하여 인쇄

⑤ 10행, 12행 : 문번호 602, 603을 참조하여 인쇄

(1) 프로그램

```
1   C       EXAMPLE 3-2                        기온
2           WRITE(6, 600)
3       600 FORMAT(1H, ' DAY          (℃)')
4           READ(5, *)I, IN, T
5             GO TO(20, 30, 40)I
6       20    WRITE(6, 601)IN, T
7       601   FORMAT(1H, I7, ' SEOUL ', F5.1)
8             GO TO 10
9       30    WRITE(6, 602)IN, T
10      602   FORMAT(1H, I7, ' DAEGU ', F5.1)
11            GO TO 10
12      40    WRITE(6, 603)IN, T
13      603   FORMAT(1H, I7, ' BUSAN ', F5.1)
14      10  STOP
15          END
```

(2) 출력결과

```
DAY                  (℃)
 19      DAEGU       37.6
```

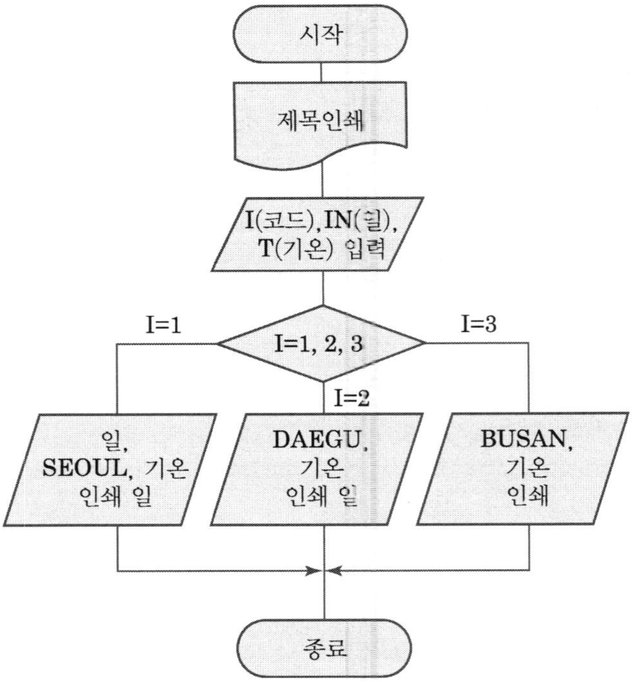

[그림 3.2] 흐름도

[3] 논리 IF문과 산술 IF문

프로그램을 조건에 따라 분기시킬 때, 분기명령 IF문을 이용한다. 영문과 똑같이 만약 ~라면의 의미이다.

1) 논리 IF문

논리 IF문은 조건의 성립, 불성립을 논리식의 참(true)이나 거짓(false)에 대응시킨다.

형식 : IF (A . 관계연산자 . B) 명령문 (실행문)

해설 : ( )안의 조건이 성립하면 ( ) 명령문을 실행, 조건이 성립하지 않으면 다음 행의 명령문을 실행한다.

[예] IF (A . GT . B) A=A+B

A가 B보다 크면, A=A+B를 실행하고, 다음 행의 명령문을 실행한다.

[표 3.1]

일반식	관계연산자	사용예	해설
A<B	. LT .	IF (A.LT.B) GO TO 30	(Less than) A<B의 경우, 문번호 30 참조
A≦B	. LE .	IF (A.LE.B) GO TO 30	(Less than or Equal) A≦B의 경우, 문번호 30 참조
A=B	. EQ .	IF (A.EQ.B) GO TO 30	(Equal) A=B의 경우 문번호 30 참조
A≠B	. NE .	IF (A.NE.B) GO TO 30	(Not Equal) A≠B의 경우 문번호 30 참조
A>B	. GT .	IF (A.GT.B) GO TO 30	(Greater than) A>B의 경우 문번호 30 참조
A≧B	. GE .	IF (A.GE.B) GO TO 30	(Greater than or Equal) A≧B의 경우 문번호 30 참조

2) 산술 IF문

산술 IF문은 변수 또는 산술식의 값이 음수, 0, 양수 중 어느 쪽인가를 판단하고 분기하는 명령이다.

형식 : IF (e) 문번호 1, 문번호 2, 문번호 3

e : 변수명이나 산술식

문번호 1 : 괄호안의 값이 음수('−')일 경우(e<0), 분기 될 문번호

문번호 2 : 괄호안의 값이 영('0')일 경우(e=0), 분기 될 문번호

문번호 3 : 괄호안의 값이 양수('+')일 경우(e>0), 분기 될 문번호

예 제

3.3 체중의 인쇄(1)

어느 학급의 학생 체중 T를 읽고, 체중 T가 0을 읽을 때까지 체중 T를 인쇄하는 프로그램을 다음의 조건에 따라 작성하시오.

① 논리 IF문을 이용한 프로그램

② 산술 IF문을 이용한 프로그램

(1) 프로그램

```
C       EXAMPLE 3-3-1                    체중 인쇄 (1)
        WRITE(6, *)'   WEIGHT(KG)'
   10   READ(5, *)T
        IF(T. EQ. 0) GO TO 30
          WRITE(6, 20)T
   20     FORMAT(1H, F7.2)
        GO TO 10
   30   STOP
        END
```

(2) 출력결과

```
WEIGHT(KG)
55.00
42.50
68.50
78.00
```

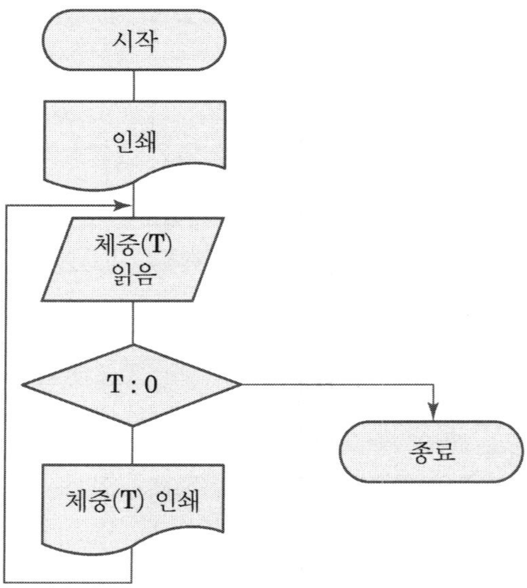

[그림 3.3] 흐름도

① 1행 : 주석문, 프로그램명이 쓰여 있다.(비실행문)

② 2행 : 표제의 인쇄, WEIGHT(KG)의 인쇄.

③ 3행 : 체중 T 값을 읽는다.

④ 4행 : 체중 T = 0이면, 문번호 30의 STOP문에서 분기하여 종료한다. T ≠ 0라면 다음 행의 명령문(5행)을 실행한다.

⑤ 5행 : 체중 T의 값을 인쇄한다.
WRITE(6, 20) T
문번호 20의 FORMAT문의 서식을 참조하여 인쇄한다.

⑥ 6행 : FORMAT문은 5행의 WRITE문으로 인쇄하기 위한 서식을 나타낸다. WRITE문이 참조만 하는 것이므로 계산기는 실행하지 않는다.(비실행문이다.)
20 FORMAT (1H , F7.2)

⑦ 7행 : 무조건 문번호 10의 READ문으로 가서 다음의 T값을 읽는다.

⑧ 8행 : STOP문은 실행 종료를 나타낸다. 4행에서 T = 0일 때 8행으로 가서 실행을 종료한다.

⑨ 9행 : END문은 프로그램의 맨 마지막을 나타내는 것이다.

3) 산술 IF문을 이용한 프로그램

(1) 프로그램

```
1   C       EXAMPLE 3-3-2                  체중 인쇄 (1)
2           WRITE(6, *)'   WEIGHT(KG)'
3      10   READ(5, *)T
4           IF(T)40, 40, 20
5      20     WRITE(6, 30)T
6      30     FORMAT(1H, F7.2)
7           GO TO 10
8      40   STOP
9           END
```

(2) 출력결과

```
WEIGHT(KG)
55.00
42.50
68.50
78.00
```

① 1행~3행 : 1)의 프로그램과 같다.

② 4행 : T가 음수 또는 0일 때 문번호 40의 명령문인 STOP문으로 가서 실행을 종료한다. T가 양수일 때는 문번호 20으로 가서 T의 값을 인쇄한다.

IF (T) 40, 40, 20

T가 양수일 때, 문번호 20의 명령문으로 간다.
T가 0일 때, 문번호 40의 명령문으로 간다.
T가 음수일 때, 문번호 40의 명령문으로 간다.

응용문제 2 어느 학급 학생의 통학시간(분단위로 환산) M을 읽고, 통학시간 M이 0을 읽을 때까지 통학시간 M≧30분을 인쇄하는 프로그램을 작성하시오.

예 제

3.4 체중의 인쇄(2)

예제 3.3의 프로그램에서 읽은 데이터를 카운트하고, 카운트 수의 인쇄를 추가하는 프로그램을 작성하시오.

데이터 55.0 42.5 68.5 78.0 0.0

(1) 프로그램

```
1   C      EXAMPLE 3-4                     체중 인쇄 (2)
2          WRITE(6, *)'    WEIGHT(KG)'
3          K=0
```

```
10   READ(5, *)T
     IF(T. EQ. 0))GO TO 30
     K=K+1
     WRITE(6, 20)K, T
20   FORMAT(1H, I5, F7.2)
     GO TO 10
30   STOP
     END
```

(2) 출력결과

```
WEIGHT(KG)
1  55.00
2  42.50
3  68.50
4  78.00
```

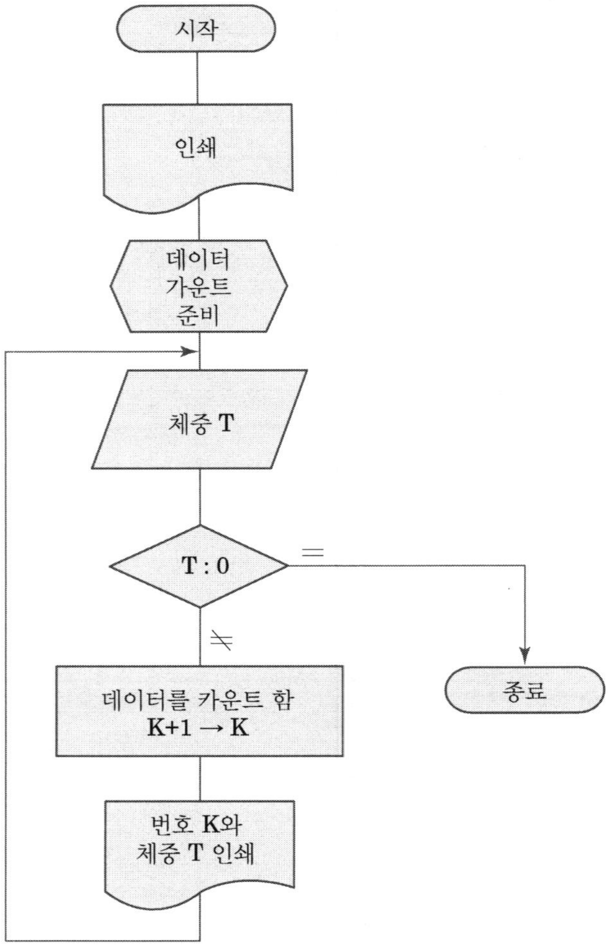

[그림 3.4] 흐름도

① 3행 : K = 0은 체중 T의 데이터 개수를 계산하기(카운트하다) 위한 것이다. 따라서 K를 읽기 전에 0으로 한다.

② 4행 : 체중 T의 데이터를 읽는다.

③ 5행 : 체중 T = 0이면 문번호 30에서 분기하고 종료한다.

④ 6행 : K = K + 1은 K의 내용 0에 1을 더하고, K에 기억시켜 K의 새로운 내용을 1로 한다.

⑤ 9행 : 문번호 10으로 건너뛰어 다음 데이터를 읽기를 반복한다. 2번째 데이터를 읽으면 6행의 K = K + 1은 1 + 1이 되고, 2를 K의 새로운 내용으로 한다. 따라서 표 3.2와 같이 데이터를 읽고 6행의 K = K + 1을 실행할 때마다 K의

내용이 증가한다. 이것은 카운트하는 것이 된다.

⑥ 10행 : STOP문은 실행의 종료를 나타낸다.

응용문제 3 카운트 수를 5, 4, 3, 2, 1로 인쇄하는 프로그램을 작성하시오.

예 제

3.5 합계의 계산

양수인 정수 N을 읽고 1부터 N까지의 합계 IS=1+2+3+…+N을 구하고 인쇄하는 프로그램을 작성하시오.

(1) 프로그램

```
C       REIDAI 3-5                          합계의 계산
        IS=0
        NN=0
        WRITE(6, *)'       NN    SUM'
        READ(5, *)N
   10   NN=NN+1
        IS=IS+NN
        WRITE(6, *)NN, IS
        IF(N. NE. NN)GO TO 10
        STOP
        END
```

(2) 출력결과

```
NN    SUM
 1      1
 2      3
 3      6
 4     10
 5     15
 6     21
 7     28
 8     36
 9     45
10     55
11     66
12     78
13     91
14    105
15    120
```

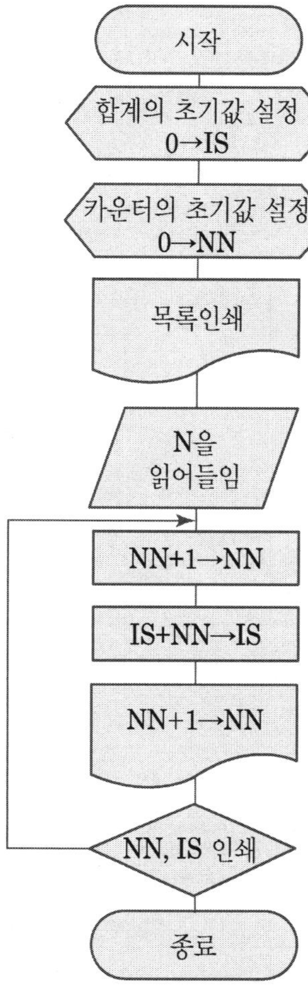

[그림 3.5] 흐름도

① 2행 : 합계결과를 기억하는 장소 IS를 계산하기 전에 0으로 한다.

② 3행 : 카운트의 초기값 설정

③ 6행 : 1부터 N까지의 양수인 정수를 구한다. (카운트)

④ 7행 : 기억장소 IS에 1부터 N까지의 합계를 계산하여 기억한다.(IS의 내용에 NN의 내용을 더하여 새로운 IS의 내용이 된다) 표 3.3을 참조

⑤ 9행 : NN(카운트 수)과 N이 같아지면 다음 행으로 가서 종료한다. 같지 않을 때는 문번호 10으로 가서 같아질 때까지 반복한다.

응용문제 4 예제 3.3의 체중의 합계를 인쇄하는 프로그램을 작성하시오.

[4] 논리연산자(logical operator)

논리연산자는 표 3.4와 같이 5종류가 있고, 다음과 같이 사용한다.

IF(논리식 1.OR. 논리식 2) 명령문(statement)

[표 3.4]

논리연산자	의미	사용예	우선순위
.NOT.	부정	.NOT.b	1
.AND.	논리곱	a.AND.b	2
.OR.	논리합	a.OR.b	3
.EQV.	논리등가(일치)	a.EQV.b	4
.NEQV.	논리비등가(불일치)	a.NEQV.b	5

[예] IF(A.LT. 1 .OR. B. LT. 1) GO TO 10

① A<1 또는 B<1일 때 GO TO 10(명령문)을 실행한다. 즉, 어느 쪽이든 한쪽의 논리식이 성립하면 명령문을 실행한다.

② A<1 이고 B<1일 때도 GO TO 10을 실행한다.

③ ①, ② 이외의 경우에는 다음 행으로 진행한다.

[5] 정수형 활용 1

정수형에서 나눗셈을 하여 소수점 이하가 산출될 때에는 끝수를 버린다.

1) 나눗셈에서 나머지 구하는 방법

M을 N으로 나눈 나머지를 J로 한다.

J=M−(M/N)*N

M=36, N=16일 때

① 36/16=2.25의 소수점이하는 끝수를 버려 2가된다.

② 2*16=32

③ 36−32=4가 되고, 나머지 4가 J에 대입된다.

2) 최대공약수 구하는 방법

최대공약수를 구하는 방법의 하나로 유클리드의 호제법이 있다. 이 방법에 대해 다음과 같이 나타내었다.

M=20, N=12일 때

① 20÷12의 나머지 8을 M에 대입한다.(M=8, N=12)

② M과 N을 교체한다.(M=12, N=8)

③ N=0이면 계산종료, M이 최대공약수이다.
N≠0이면 ①, ②를 반복한다.

④ ①을 반복한다. 12÷8의 나머지 4를 M에 대입한다.(M=4, N=8)

⑤ ②를 반복한다.(M=8, N=4)

⑥ ③을 반복한다.

⑦ ①을 반복한다. 8÷4의 나머지 0을 M에 대입한다.(M=0, N=4)

⑧ ②를 반복한다.(M=4, N=0)

⑨ ③을 반복하면 N=0이므로 M의 값이 최대공약수가 된다.

예 제

3.6 G.C.M

2개의 양수인 정수 M, N을 읽고 M, N의 최대공약수(G. C. M)를 인쇄하는 프로그램을 작성하시오.

① 2행 : 양수인 정수 M, N을 읽는다.

② 3행 : M<1 또는 N<1 경우나 M, N모두 1보다 작은 경우에는 문번호 10으로 돌아와 M, N을 읽는다.

③ 4행, 5행 : M의 값을 IA에, N의 값을 IB에 기억시킨다. 6행 이후를 실행하고 M, N의 값이 변화하지 않도록 IA, IB에 기억시킨다.

④ 6행 : M을 N으로 나눈 나머지를 J에 입력한다.

⑤ 7행 : IB를 IA에 입력한다.

⑥ 8행 : J를 IB에 입력한다.

⑦ 9행 : IB>0이면 문번호 20으로 가고, IB=0 이면 다음 행으로 진행한다.

⑧ 10행, 11행 : M과 N의 값을 인쇄하고, 최대공약수의 값이 들어 있는 IA를 인쇄하고 종료한다.

(1) 프로그램

```
1   C       EXAMPLE 3-6  G.C.M
2      10   READ(5, *)M, N
3           IF(M.LT.1.OR.N.LT.1) GO TO 10
4           IA=M
5           IB=N
6      20   J=IA-(IA/IB)*IB
7           IA=IB
8           IB=J
9           IF(IB.GT.0) GO TO 20
10          WRITE(6, *)M, N
11          WRITE(6, *)'GCM=', IA
12          STOP
13          END
```

(2) 출력결과

```
          20           12
   GCM =          4
```

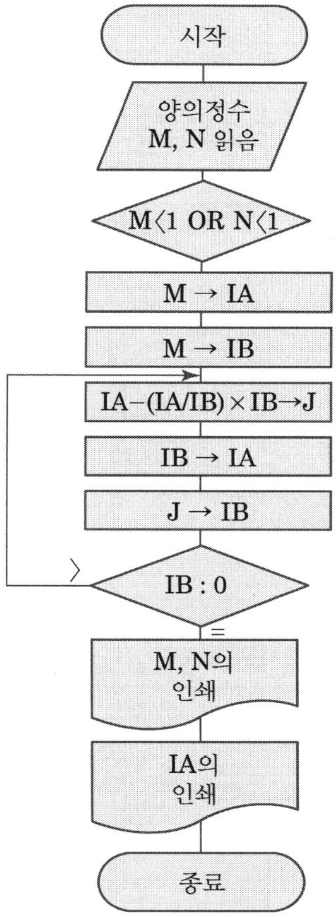

[그림 3.6] 흐름도

응용문제 5 2개의 양수인 정수를 읽고, M, N의 최소공배수(L.C.M)를 인쇄하는 프로그램을 작성하시오.

<힌트> LCM = M*N/GCM

GCM : 최대공약수

[6] 정수형의 활용 2

1) 홀수, 짝수의 판별

J = M − (M/2)*2

−M=1일 때

① 1/2=0.5의 소수점이하는 끝수를 버려 0이 된다.

② 0*2=0

③ 1−0=1　　　　J=1

−M=2일 때

① 2/2=1

② 1*2=2

③ 2−2=0　　　J=0

−M=3일 때

① 3/2=1

② 1*2=2

③ 3−2=1　　　J=1

−M=4일 때

① 4/2=2

② 2*2=4

③ 4−4=0　　　J=0

이와 같이 J는 홀수일 때 1, 짝수일 때 0이 기억된다.

2) 반올림

J=A+0.5　　　A : 실수형 변수

−A=2.4일 때

2.4+0.5=2.9로 되지만, 소수점이하는 끝수를 버리기 때문에, J=2가 된다.

−A=2.5일 때

2.5+0.5=3.0　　　J=3

−A=2.6일 때

2.6+0.5=3.1　　소수점이하는 끝수를 버리기 때문에 J=3

소수점이하에서 0.4이하와 0.5이상에 각각 0.5를 더하여 정수화하면, 0.4이하일 때는 끝수를 버리지만, 0.5이상일 때는 자릿수를 올려 반올림된다.

3.2 블럭 IF문, ELSE문, END IF문, ELSE IF문의 사용방법

앞 절에서 산술 IF문과 논리 IF문에 대해 배웠지만, 여기에서도 조건에 따라 처리의 선택을 바꾸는 제어문(control statement)에 대해 배운다.

블럭 IF문은 END IF문과 대응하여 사용하며, 조건에 따라 처리를 바뀐다. 또한 필요에 따라서 ELSE문을 사용한다. 다음으로 각각의 서식을 나타내었다.

1) 블록 IF문(block IF statement)

```
IF (논리식) THEN
```

블록 IF문은 END IF문과 대응하여 사용한다.

2) ELSE문(ELSE statement)

```
ELSE
```

ELSE문은 비실행문이므로 실행하여도 아무것도 하지 않는다.

3) END IF문(END IF statement)

```
END IF
```

END IF문은 블록 IF문의 마지막을 나타내는 문이므로, 블록 IF문을 사용한 경우 반드시 사용해야만 한다. END IF문이 실행되면 다음 문번호의 실행문이 실행된다.

블록 IF문, ELSE문, END IF문은 그림 3.7과 같이 사용한다.

```
IF(논리식) THEN
        (IF 블록)
ELSE
        (ELSE 블록)
END IF
```

[그림 3.7]

IF(논리식) THEN의 논리식(조건)이 성립되는 경우 IF 블록의 명령을 실행하여 대응하는 END IF문으로 진행한다. 성립되지 않는 경우 ELSE 블록의 명령을 실행하여 대응하는 END IF문으로 진행한다.

[예] IF (A. EQ. B)

C=A …… 논리식이 성립하는 경우, A의 값을 C에 대입

ELSE

D=A …… 논리식이 성립하지 않을 경우, A의 값을 D에 대입

END IF

예 제

3.7 정사각형의 판정

사각형의 세로 I[cm]와 가로 J[cm]를 읽고, 정사각형이라면 YES, 그렇지 않으면 NO로 판정하는 프로그램을 작성하시오. 단, I=0을 읽을 때까지 반복하는 것으로 한다.

(1) 프로그램

```
C       EXAMPLE 3-7                    정사각형의 판정
        WRITE(6, *)'    I(CM)    J(EM)'
     10 READ(5, *)I, J
        IF(I.EQ.0) GO TO 20
        IF(I.EQ.J) THEN
          WRITE(6, *)I, J, '    YES'
         ELSE
          WRITE(6, *)I, J, '    NO'
        END IF
        GO TO 10
     20 STOP
        END
```

(2) 출력결과

```
  I(CM)           J(CM)
   25       25     YES
   18       31     NO
    7        7     YES
```

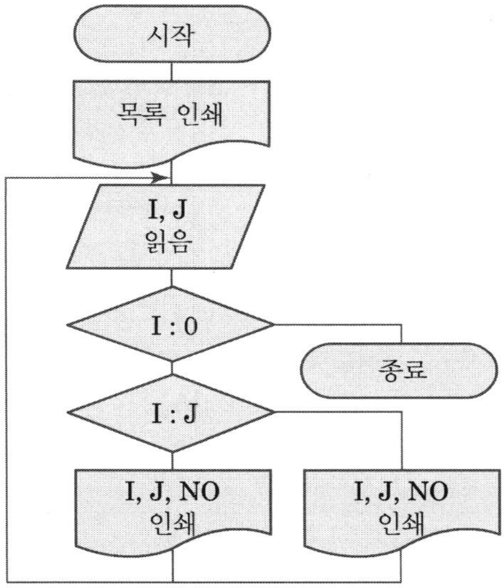

[그림 3.8] 흐름도

① 3행 : 사각형의 세로 I와 가로 J를 읽는다.

② 4행 : 사각형의 세로 I가 0이면 문번호 20으로 가서 종료한다. I가 0이 아니면 다음 행으로 진행한다.

③ 5행~8행 : 정사각형의 경우는 세로 I와 가로 J가 같아야한다. I=J일 때는 정사각형이 되므로 다음 행으로 진행하여 I, J와 YES를 인쇄시킨다. I≠J일 때는 정사각형이 아니므로 ELSE문의 다음 행으로 진행하여 I, J와 NO를 인쇄시킨다.

④ 9행 : END IF문, 5행의 블록 IF문에 대응한다.

⑤ 10행 : 문번호 10으로 가서 I, J를 읽는다.

⑥ 11행 : 실행을 종료한다.

응용문제 6 어느 고등학교의 3학년 학생수 N, 학생의 가슴둘레 AK를 읽고, 평균이상의 학생수와 평균미만의 학생수를 인쇄하는 프로그램을 작성하시오. 단, 1990년도 고등학교 3학년 남자의 평균은 86.2cm이다.

예 제

3.8 홀수와 짝수의 판별

양수인 정수 I를 읽고, 홀수, 짝수를 판별하고, 홀수일 때는 ODD, 짝수일 때는 EVEN로 인쇄하는 프로그램을 작성하시오. 단, I=0일 때 종료한다.

(1) 프로그램

```
C       EXAMPLE 3-8                          홀수와 짝수의 판별
   10   READ(5, *)I
        IF(I.EQ.0) GO TO 20
        M=I-(I/2)*2
        IF(M.NE.0)THEN
          WRITE(6, *)I, '    ODD'
         ELSE
          WRITE(6, *)I, '    EVEN'
        END IF
        GO TO 10
   20   STOP
        END
```

(2) 출력결과

```
3        ODD
8        EVEN
15       ODD
20       EVEN
31       ODD
40       EVEN
```

① 2행 : 양수인 정수 I를 읽는다.
② 3행 : I=0일 때 문번호 20으로 가서 종료한다.
③ 4행 : M이 홀수 일 때는 1, 짝수일 때는 0을 기억시킨다.
④ 5행 : M≠0일 때는 다음 행으로 진행, I와 ODD를 인쇄시키고 M=0일 때는 ELSE문으로 가서 I, EVEN를 인쇄시킨다.
⑤ 10행 : 무조건 문번호 10으로 가서 다음 데이터를 읽는다.

응용문제 7 2개의 양수인 정수 M, N의 나눗셈을 실행하고, 나머지가 홀수인지 짝수인지를 판별하는 프로그램을 작성하시오. 단, 나머지가 0일 경우는 홀수, 짝수의 판별은 하지 않는다.

1) ELSE IF문(ELSE IF statement)

ELSE IF(논리식) THEN

논리식이 성립하는 경우, 그림 3.10의 ELSE IF 블록 ①의 명령을 실행한다.(ELSE IF 블록은 공백이어도 된다.) 논리식이 성립되지 않는 경우는 다음의 ELSE IF문, ELSE문 또는 END IF문으로 진행한다.

또한 블록 IF문, ELSE IF문, END IF문의 구조는 그림 3.10과 같다.

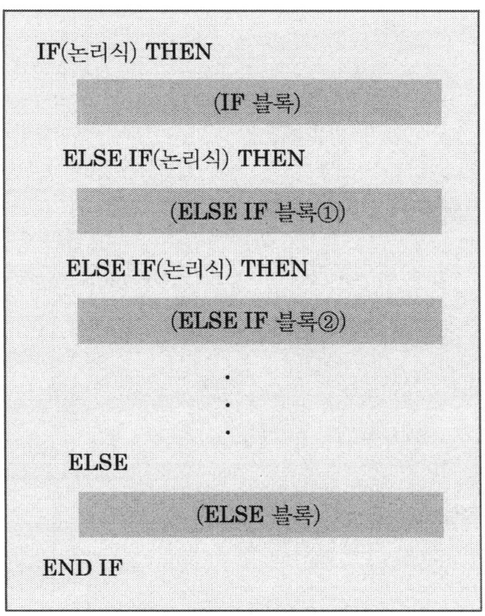

[그림 3.9] 블록 IF문, ELSE IF문, ELSE문, END IF문의 구조

예 제

3.9 가스요금

가스의 사용량 IGS를 읽고, 가스요금(소비세 포함)을 구하고 인쇄하는 프로그램을 작성하시오. 단, 가스요금(소비세포함)은 표 3.5와 아래의 산정 방법으로 구한다.(가스요금은 검침일 다음날부터 20일 이내에 지불한 요금이다.)

[표 3.5] 조수요금표

구 분	사용량	기본요금 (원)	종량요금단가(원) ($1m^3$당)
A	$25m^3$이하	690	127.29
B	$25m^3$ 초과 $500m^3$ 이하	1170	108.09
C	$500m^3$ 초과	6890	96.65

※ 요금의 산정방법

가스요금(세금 제외) = 기본요금 + 사용량 × 종량요금단가

소비세상당액 = 가스요금 × 소비세(3%)

(조수요금 및 소비세 상당액은 원 미만의 끝수는 버림)

소비세 포함 가스요금 = 가스요금(세금 제외) + 소비세 상당액

(1) **프로그램**

```
C       EXAMPLE 3-9  가스요금
        READ(5, *)IGS
        IF(IGS.LE.25)THEN
           IG=690+IGS*127.29
          ELSE IF(IGS.LE.500)THEN
           IG=1170+IGS*108.09
          ELSE
           IG=6890+IGS*96.65
        END IF
```

```
      IZ=IG*0.03
      IR=IG+IZ
      WRITE(6, 10)IGS, IZ, IR
   10 FORMAT(1H, '사용량 =', I6/
 &        1H, ' 소비세 =', I6,'(WON)'/
 &        1H, ' 요금 =', I6,'(WON)')
      STOP
      END
```

(2) 출력결과

```
사용량 = 50
소비세 = 197(WON)
요금 = 6771(WON)
```

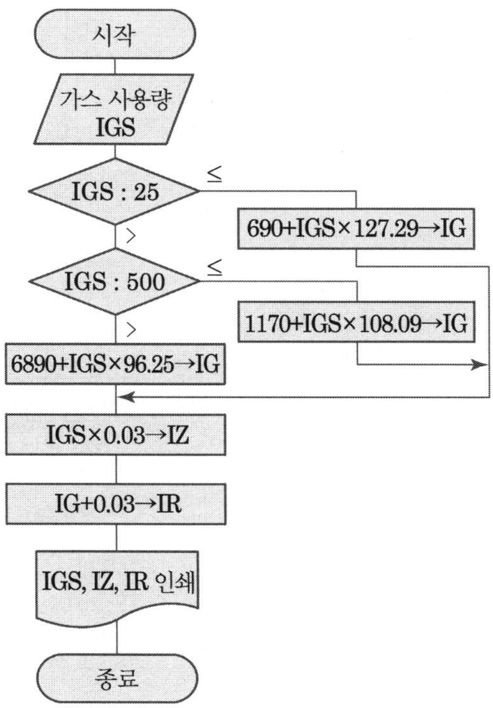

[그림 3.10] 흐름도

① 2행 : 가스의 사용량 IGS를 읽는다.

② 3행 : 사용량 IGS가 25m3이하이면 다음 행으로 가고, 25m3를 초과하면 4행의 ELSE문으로 진행한다.

③ 4행 : 구분 A(사용량 25m3이하)의 조수요금(세금 제외)을 계산하고 8행의 END IF문으로 진행한다.

④ 5행 : 사용량 IGS가 500m3이하이면 다음 행으로 진행하고, 500m3를 초과하면 6행의 ELSE문으로 진행한다.

⑤ 6행 : 구분 B(사용량 500m3이하)의 조수요금(세금 제외)을 계산한다. 8행의 END IF문으로 진행한다.

⑥ 7행, 8행 : ELSE문과 ELSE 블록, 구분 C(사용량 500m3 초과)의 조수요금(세금 제외)을 계산한다.

⑦ 9행 : END IF문, 2행의 블록 IF문의 종료를 나타낸다.

⑧ 10행 : 소비세상당액 IZ을 계산한다.

⑨ 11행 : 소비세포함 조수요금 IR을 계산한다.

⑩ 12행~15행 : 가스의 사용량 IGS, 소비세상당액 IZ 및 소비세포함 조수요금을 인쇄한다.

응용문제 8 어떤 상점에서는 상품의 단가를 구입수량에 따라 표 3.6과 같이 설정하였다. 이 상점에서 N개의 상품을 구입할 때 청구액을 인쇄하는 프로그램을 작성하시오.

[표 3.6]

수 량	1~10	11~20	21~30	30이상
단가(원)	800	780	750	700

3.3 DO~CONTINUE문의 사용방법

반복 처리를 할 때는 IF문과 GO TO문의 조합, IF문, 블록 IF문을 사용하는 것보다 간단한 명령문으로서 DO문과 CONTINUE문이 있다.

DO문은 DO문으로 시작되어 같은 제어문을 이용한 CONTINUE문으로 끝난다.

[1] DO문, CONTINUE문의 설명

```
    DO n I=m1, m2, m3
  n CONTINUE
```

DO문과 CONTINUE문은 반드시 같이 사용한다. DO문에서 사용한 종단의 문번호와 CONTINUE문의 문번호가 동일한 것으로 DO문을 작성한다.

초기값 매개 변수(parameter), 마지막값 매개 변수, 증가분 매개 변수는 정수, 변수명, 식의 어느 쪽을 사용한다. 그 값에는 정수, 실수(소수부가 있는 수)의 양수, 음수, 0의 어느 쪽도 사용할 수 있다. 그러나 증가분 매개 변수를 0으로 하면, 실행할 수 없다.

DO $n\ i = m_1,\ m_2$

이와 같이 증가분 매개 변수를 생략하면, 증가분 매개 변수는 1로 간주한다.

[예 1]

```
      DO 10 I=1, 11, 2
      WRITE(6,*) I
   10 CONTINUE
```

1부터 11까지의 홀수를 인쇄한다.

[예 2]

```
      DO 10 I=1, 11, -2
      WRITE(6,*) I
   10 CONTINUE
```

예 1과 반대로 인쇄된다. 11부터 2씩 감소시켜 1까지 홀수를 인쇄한다.

[예 3]

```
      DO 10 I=1, 2
      WRITE(6,*) I
      DO 22 A=3.5, 5.5, 0.5
      WRITE(6,60) A
60    FORMAT(1H, F7.2)
22    CONTINUE
11    CONTINUE
```

2중 루프의 경우에는 예 3과 같이 ①의 DO문, CONTINUE문의 범위에 ②의 DO문, CONTINUE문이 포함되어야한다. 즉, 내측의 DO문, CONTINUE문은 외측의 DO문, CONTINUE문의 범위에 들어가 있어야한다.(초기값 매개 변수, 마지막값 매개 변수, 증가분 매개 변수에 실수를 사용하는 DO문은 상위수준이 된다.)

[2] 최대값 구하는 방법

① DMAX=0.0

② DO 11 I=1, 3

③ READ (5, *) D

④ IF (D. GT. DMAX=D)

⑤ 11 CONTINUE

위의 프로그램을 표 3.7의 데이터를 사용하여 실행하면 표 3.7과 같이 변수 D, DMAX의 내용은 변화한다.

[표 3.7]

데이터	D의 내용	DMAX의 내용
		0.0
1.97	1.97	1.97
2.01	2.01	2.01
1.98	1.98	2.01

① 1행 : DMAX에 최대값을 기억시키기 위한 준비로 데이터 중에서 최소값 이하의 수를 입력한다.

② 2행~5행 : DO문과 CONTINUE문의 사이를 3회 반복한다.

③ 3행 : 데이터를 읽고, D에 입력한다.

④ 4행 : 읽은 데이터의 값 D와 DMAX의 값을 비교하여 D의 값이 클 때 D의 값을 DMAX에 입력한다.

다음에 2~5행과 표 3.7을 상세하게 설명한다.

DO문 I=1~3까지, 3회 반복한다.(DMAX에 0.0(초기값이 들어가 있다))

• 1회(I=1)

① 3행 : READ문으로 D에 1.97을 읽는다(표 3.7의 데이터 1번째).

② 4행 : IF문으로 D와 DMAX=0.0을 비교하면, D=1.97 쪽이 크기 때문에 DMAX에 D의 값 1.97을 입력한다. 5행의 CONTINUE문으로 진행, 2행으로 간다.

• 2회(I=2) (DMAX=1.97)

① 3행 : READ문으로 D에 2.01을 읽는다(표 3.7의 데이터에서 2번째).

② 4행 : IF문으로 D와 DMAX=1.97을 비교하면 D=2.01 쪽이 크기 때문에 DMAX에 D의 값 2.01을 입력한다. 5행의 CONTINUE문으로 진행, 2행으로 간다.

• 3회 (I=3) (DMAX=2.01)

① 3행 : READ문으로 D에 1.98을 읽는다(표 3.7 데이터에서 3번째).
IF문으로 D와 DMAX=2.01을 비교하면 DMAX 쪽이 크기 때문에 DMAX=2.01 그대로 5행으로 진행, DO문을 탈출한다. 따라서 DO문을 탈출할 때 DMAX에 최대값이 기억되어 있는 것을 확인할 수 있다.

위의 프로그램 1행의 DMAX에 데이터 중에서 최대값 이상의 수를 입력하고, 4행의 IF(D. LT. DMAX) DMAX=D로 하면 최소값을 구할 수 있다.

예 제

3.10 최대값

어떤 강선(강철로 만든 선)의 직경 D[mm]를 자로 5명의 학생이 측정하여 표 3.8과 같은 결과를 얻었다. 측정결과의 직경 D[mm]의 최대값을 구하는 프로그램을 작성하시오.

[표 3.8]

NO	직경 D
1	1.97
2	2.01
3	1.98
4	2.03
5	2.02

① 2행 : DMAX에 최대값을 기억시키기 위한 준비로 데이터 중에서 최소값 이하의 수를 기억시킨다.

② 3행 : 표제의 인쇄

③ 4행 : 데이터 수를 읽는다. 5명이 측정한 데이터를 입력하기위해, 데이터 수는 5를 읽는다.

④ 5행~10행 : 5행의 DO문과 10행의 CONTINUE문의 사이를 N회 반복한다.

⑤ 6행 : 직경 D를 읽는다.

⑥ 7행 : 직경 D를 8행의 FORMAT문을 참조하여 인쇄한다.

⑦ 9행 : D>DMAX 일 때 D의 값을 DMAX에 기억시키고, 10행으로 진행한다.
D≤DMAX 일 때는 그대로 10행으로 진행한다.
모든 데이터를 비교하면 최대값을 구할 수 있다.

⑧ 10행 : 5행과의 사이를 반복한다.

⑨ 11행 : 표제의 인쇄(최대값(MM)의 인쇄)

⑩ 12행 : DMAX의 값, 최대값의 인쇄

⑪ 13행 : STOP문, 실행종료

(1) 프로그램

```
C      EXAMPLE 3-10                       최대값
       DMAX=0.0
       WRITE(6, *)'DIAMETER(MM)'
       READ(5, *)N
       DO 11 I=1, N, 1
         READ(5, *)D
         WRITE(6, 600)D
  600    FORMAT(1H, F7.2)
         IF(D.GT.DMAX)DMAX=D
   11  CONTINUE
       WRITE(6, *)'MAXIMUM(MM)'
       WRITE(6, 600)DMAX
       STOP
       END
```

(2) 출력결과

```
DIAMETER(MM)
  1.97
  2.01
  1.98
  2.03
  2.02
MAXIMUM(MM)
  2.03
```

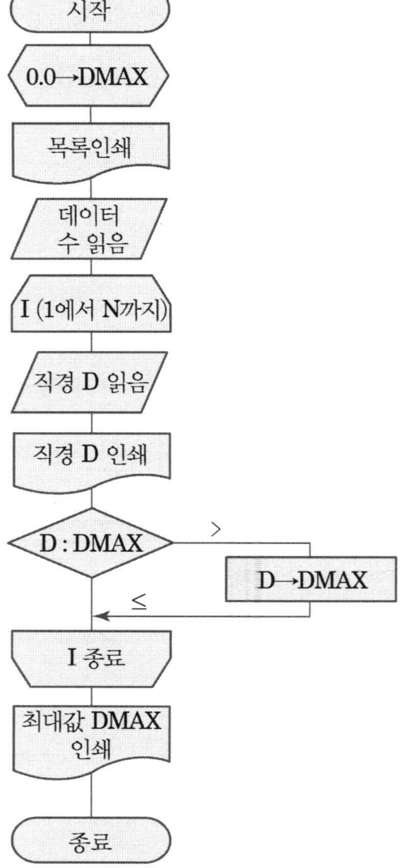

[그림 3.11] 흐름도

응용문제 9 어느 학급 학생수 N명의 통학시간(분단위로 환산) M을 읽고, 최대통학시간 MAX을 구하고 인쇄하는 프로그램을 작성하시오.

예 제

3.11 최대값, 최소값

예제 3.10에 최소값 DMIN을 구하는 프로그램을 추가하시오.

① 2행 : DMAX에 최대값을 기억시키기 위한 준비로 데이터 중에서 최소값 이하의 수를 기억시킨다.

② 3행 : DMIN에 최소값을 기억시키기 위한 준비로 데이터 중에서 최대값 이상의 수를 기억시킨다.

③ 10행 : 최대값을 DMAX에 구하여 기억시킨다.

④ 11행 : 최소값을 DMIN에 구하여 기억시킨다.

(1) 프로그램

```
1   C       EXAMPLE 3-11                      최대값, 최소값
2           DMAX=0.0
3           DMIN=99.9
4           WRITE(6, *)'   DIAMETER(MM)'
5           READ(5, *)N
6           DO 11 I=1, N, 1
7             READ(5, *)D
8             WRITE(6, 600)D
9      600    FORMAT(1H, F7.2)
10            IF(D.GT.DMAX)DMAX=D
11            IF(D.LT.DMIN)DMIN=D
12      11  CONTINUE
13          WRITE(6, *)'   MAXIMUM(MM)'
14          WRITE(6, 600)DMAX
15          WRITE(6, *)'MINIMUM(MM)'
16          WRITE(6, 600)DMIN
17          STOP
18          END
```

(2) 출력결과

```
DIAMETER(MM)
  1.97
  2.01
  1.98
  2.03
  2.02
MAXIMUM(MM)
  2.03
MINIMUM(MM)
  1.97
```

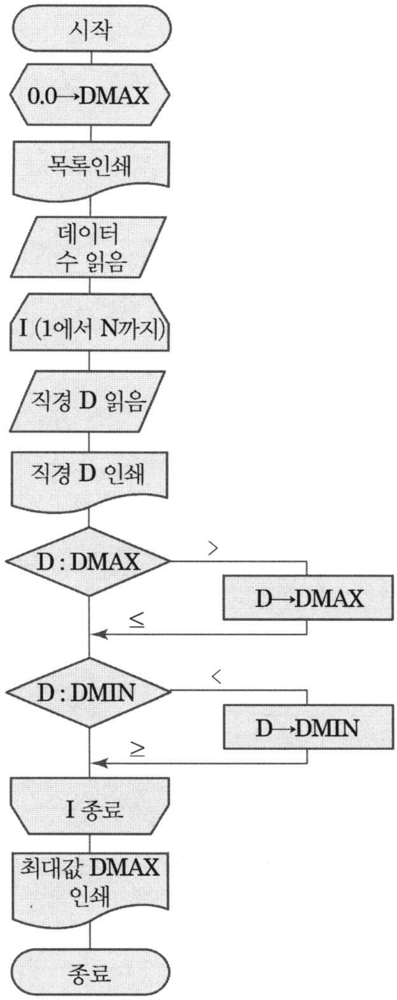

[그림 3.12] 흐름도

응용문제 10 문제 9의 최소통학시간 MIN을 구하고 인쇄하는 프로그램을 추가하시오.

[3] 합계 구하는 방법

```
DSUM=0.0
READ(5,*) N
DO 11 I=1, N
```

```
      READ(5,*) D
      DSUM=DSUM + D
   11 CONTINUE
      STOP
      END
```

앞에서 기술한 프로그램을 표 3.9의 데이터를 이용하여 실행하면 표 3.9와 같이 변수 D, DSUM의 내용은 변화한다.

[표 3.9]

데이터	변수 D	변수 DSUM
		0.0
1.97	1.97	1.97
2.01	2.01	3.98
1.98	1.98	5.96
2.03	2.03	7.99
2.02	2.02	10.01

예 제

3.12 합계와 평균

어떤 강선의 직경 D[mm]를 자로 N회 측정한 강선의 직경의 합계 SUM와 평균직경 HD를 구하고, 이 HD을 이용하여 단면적 S[mm^2]을 구하는 프로그램을 작성하시오.

① 2행 : SUM에 합계를 기억시키기 위한 준비로 0.0을 기억시킨다.
② 3행 : 표제의 인쇄
③ 4행 : 데이터 수(측정회수) N을 읽는다.
④ 5행~9행 : 5행의 DO문과 9행의 CONTINUE문 사이를 N회(측정회수) 반복한다.

⑤ 6행 : 직경 D를 읽는다.

⑥ 7행 : 직경 D를 인쇄

⑦ 8행 : 합계를 계산한다. SUM에 D(직경)를 더하여 SUM에 기억시키는 것에 의해서 합계를 계산한다.

⑧ 9행 : 5행과의 사이를 반복한다.

⑨ 10행 : 평균을 구하는 계산

```
HD=SUM / FLOAT(N)
실수  실수    ↑  정수
              └─ 정수를 실수로 한다.
```

계산식 중에 정수와 실수를 혼합시킬 수 있지만, 여기에서는 정수를 실수로 변환시키는데 FLOAT를 이용하여 N의 값을 실수로 변환시켜 계산한다.

⑩ 11 행 : 직경의 평균을 이용하여 평균단면적 S를 계산한다.

⑪ 12행~19행 : 합계 SUM, 평균 HD, 평균단면적 S를 인쇄한다.

(1) 프로그램

```
1   C      EXAMPLE 3-12                    합계와 평균
2          GOUKEI=0.0
3          WRITE(6, *)'DIAMETER(MM)'
4          READ(5, *)D
5          DO 11 I=1, N, 1
6          READ(5, *)D
7          WRITE(6, 600)D
8          SUM=SUM+D
9      11  CONTINUE
10         HD=SUM/FLOAT(N)
11         S=3.14159/4.0*HD*HD
12         WRITE(6, *)'SUM(MM)'
13         WRITE(6, 600)SUM
14         WRITE(6, *)'AVERAGE(MM)'
```

```
      WRITE(6, 600)HD
      WRITE(6, *)'CROSS SECTION(MM**2)'
      WRITE(6, 600)S
      STOP
  600 FORMAT*1H, F7.2)
      END
```

(2) 출력결과

```
DIAMETER(MM)
  1.97
  2.01
  1.98
  2.03
  2.02
SUM(MM)
  10.01
AVERAGE(MM)
  2.00
CROSS SECTION(MM**2)
  3.15
```

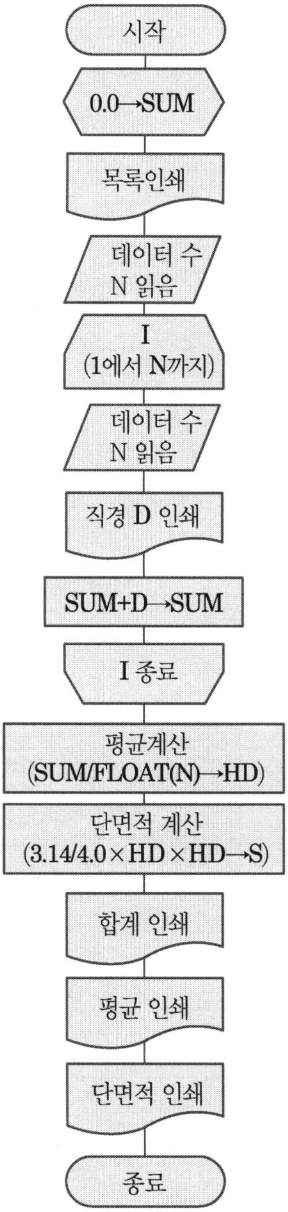

[그림 3.13] 흐름도

[4] 정수형을 실수형으로 변환

정수 N을 실수 G로 변환할 때, 산술대입문을 이용하는 경우와 FLOAT를 이용하는 경우가 있다.

1) 산술대입문

G=N …… N=5인 경우에는, G=5.0이 대입된다.

N=3인 경우에는, G=3.0이 대입된다.

2) FLOAT(내장 함수)

G=FLOAT(N)

으로서도 1)과 같이 정수를 실수로 변환할 수 있다. 계산식 중에 변환할 때는 FLOAT를 이용한다.

응용문제 11 어느 학급 학생수 N명의 통학시간(분단위로 환산) M을 읽고, 통학시간의 합계 ISUMI와 평균통학시간 H를 구하는 프로그램을 작성하시오.

연습문제

1. 자연수의 수열 1, 2, 3, 4…, 10의 총합을 구하고 인쇄하는 프로그램을 논리IF문 또는 산술 IF문을 이용하여 작성하시오.

2. $S = 1 + \frac{1}{2} + \frac{1}{3} + \cdots + \frac{1}{10}$ 을 계산하고, 인쇄하는 프로그램을 IF문을 이용하여 작성하시오.

3. 정수 N을 읽고, 1부터 N까지 1단위(마다)의 합을 구하고, 다음과 같이 인쇄하는 프로그램을 DO문을 이용하여 작성하시오.

N	S
1	1
2	3
3	6

4. N을 읽고, N의 제곱을 구하고 인쇄하는 프로그램을 DO문을 이용하여 작성하시오.

5. 2개의 수 A, B를 읽고, 큰 쪽의 값을 인쇄하는 프로그램을 작성하시오.

6. 3개의 수 A, B, C를 읽고, 3개의 수의 대, 중, 소를 구하고 인쇄하는 프로그램을 작성하시오.

7. 어느 학급 학생수 N명의 체중 T를 읽고, N명의 체중의 합계 SUM, 평균 H, 최대 TMAX, 최소 TMIN을 구하고, 체중의 합계 SUM, 평균 H, 최대 TMAX, 최소 TMIN을 인쇄하는 프로그램을 작성하시오.

Chapter

4 함 수

4.1 내장 함수

수학이나 기술 계산에는 제곱근, 대수와 삼각함수가 사용되는 경우가 많다. FORTRAN에서는 자주 사용되는 함수가 준비되어 있다. 그러므로 준비되어 있는 함수를 프로그램상에서 불러내어 이용할 수 있다. 이와 같이 준비되어 있는 함수를 내장 함수라 한다.

예 제

4.1 삼각함수 표

삼각함수, sin(R), cos(R), tan(R)의 R을 0°에서 90°까지 5°씩 변화시켜 삼각함구 표를 만드는 프로그램을 작성하시오.

(1) 프로그램

```
C       EXAMPLE 4-1                        삼각함수 표
        WRITE(6, *)'ANGLE  SIN    COS    TAN'
        DO 11 I=0, 90, 5
```

```
4            R=I*3.14159/180.0
5            S=SIN(R)
6            C=COS(R)
7            T=TAN(R)
8            WRITE(6, 600)I, S, C,T
9     600    FORMAT(1H, I5, F7.3, F7.3, F7.3)
10    11   CONTINUE
11         STOP
12         END
```

① 3행 : I를 0°에서 90°까지 5°씩 증가시켜 10행까지 반복한다.

② 4행 : 변수 I를 라디안(radian)으로 환산하여 R에 기억시킨다.

ϕ[라디안] = θ[도]× π/180

③ 5행 : sin(R)을 계산하여 S에 기억시킨다. FORTRAN에서는 각도를 라디안 단위로 하지 않으면 삼각함수는 계산할 수 없다.

④ 6행 : cos(R)을 계산하여 C에 기억시킨다.

⑤ 7행 : tan(R)을 계산하여 T에 기억시킨다.

⑥ 8행 : I, S, C, T를 9행의 FORMAT문의 서식을 참조하여 인쇄한다.

⑦ 9행 : 8행의 WRITE문의 서식을 나타낸다.

⑧ 10행 : CONTINUE문으로 3행의 종료문

⑨ 11행 : STOP문으로 실행을 종료한다.

(2) 출력결과

ANGLE	SIN	COS	TAN
0	0.0	1.000	0.0
5	0.087	0.996	0.087
10	0.174	0.985	0.176
15	0.259	0.966	0.268
20	0.342	0.940	0.364
25	0.423	0.906	0.466
30	0.500	0.866	0.577
35	0.574	0.819	0.700
40	0.643	0.766	0.839
45	0.707	0.707	1.000
50	0.766	0.643	1.192
55	0.819	0.574	1.428
60	0.866	0.500	1.732
65	0.906	0.423	2.144
70	0.940	0.342	2.747
75	0.966	0.259	3.732
80	0.985	0.174	5.671
85	0.996	0.087	11.430
90	1.000	0.0	******

tan90°= ∞이지만, 함수 TAN에 90°를 입력하면 에러로 표시된다. 또한 에러 표시(본서에서는 *)는 기종에 따라 다르다.

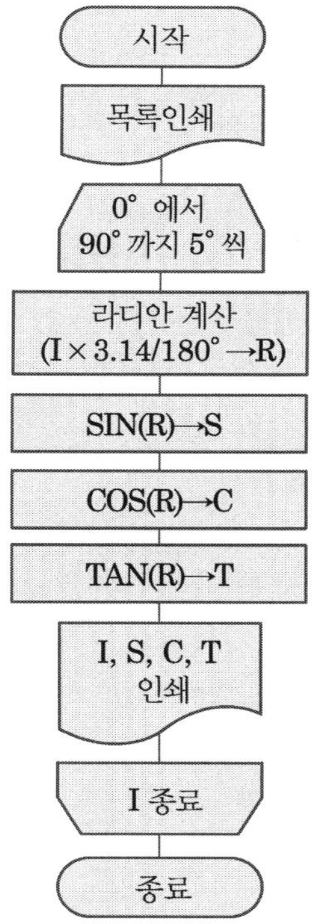

[그림 4.1] 흐름도

응용문제 1 1부터 10까지의 2승, 3승, 제곱근을 구하고 인쇄하는 프로그램을 작성하시오.

예 제

4.2 2차방정식의 풀이

2차방정식 $ax^2+bx+c=0$의 계수 A, B, C를 읽고 2차방정식의 해를 인쇄시키는 프로그램을 작성하시오. 단, 계수 A, B, C의 데이터 수는 4쌍이다.

(1) 프로그램

```
C       EXAMPLE 4-2                              2차방정식의 해
        WRITE(6, *)'  2차방정식  A*X**2+B*X+C=0'
        WRITE(6, *)'    A    B    C    D    X1    X2'
```

```
      READ(5, *)N
      DO 55 I=1, N
      READ(5, *)A, B, C
      IF(A.EQ.0) GO TO 44
      D=B*B-4*A*C
      AB=ABS(D)
      SR=SQRT(AB)
      IF(D)33, 33, 11
   11 X1=(-B+SR)/(2.0*A)
      X2=(-B-SR)/(2.0*A)
      WRITE(6, 10)A, B, C, D, X1, X2
   10 FORMAT(1H , 4F7.1, 2X, F7.1, 8X,  F7.1, 8X, '실수해')
      GO TO 55
   22 X1=-B/(2.0*A)
      X2=X1
      WRITE(6, 20)A, B, C, D, X1, X2
   20 FORMAT(1H , 4F7.1, 2X, F7.1, 8X,  F7.1, 8X, '중복해')
      GO TO 55
   33 R=-B/(2.0*A)
      Z=SR/(2.0*A)
      WRITE(6, 30)A, B, C, D, R, Z, R, Z
   30 FORMAT(1H ,5F7.1,'+',F6.3,'I',F7.1,'-',F6.3,'I',
      2X,'허수해')
      GO TO 55
   44 WRITE(6, 40)A, B, C
   40 FORMAT(1H , 3F7.1, 13X, 'NO')
   55 CONTINUE
```

```
      STOP
      END
```

(2) 출력결과

```
2차 방정식 A*X**2+B*X+C=0

  A      B      C        D          X1              X2
 0.0   10.0   20.0                  NO
10.0   20.0   10.0      0.0        -1.0            -1.0         중복해
10.0   30.0   20.0    100.0        -1.0            -2.0         실수해
10.0   20.0   30.0   -800.0   -1.0+ 1.424I    -1.0- 1.414I     허수해
```

(3) 사고방법

$ax^2+bx+c=0$의 방정식

$a=0$일 때, 2차방정식은 성립하지 않는다.

- 풀이공식 $x=\frac{-b\pm\sqrt{b^2-4ac}}{2a}$
- 판별식 $D=b^2-4ac$

  $D>0$ … 실수해,

  $D=0$ … 중복해,

  $D<0$ … 허수해

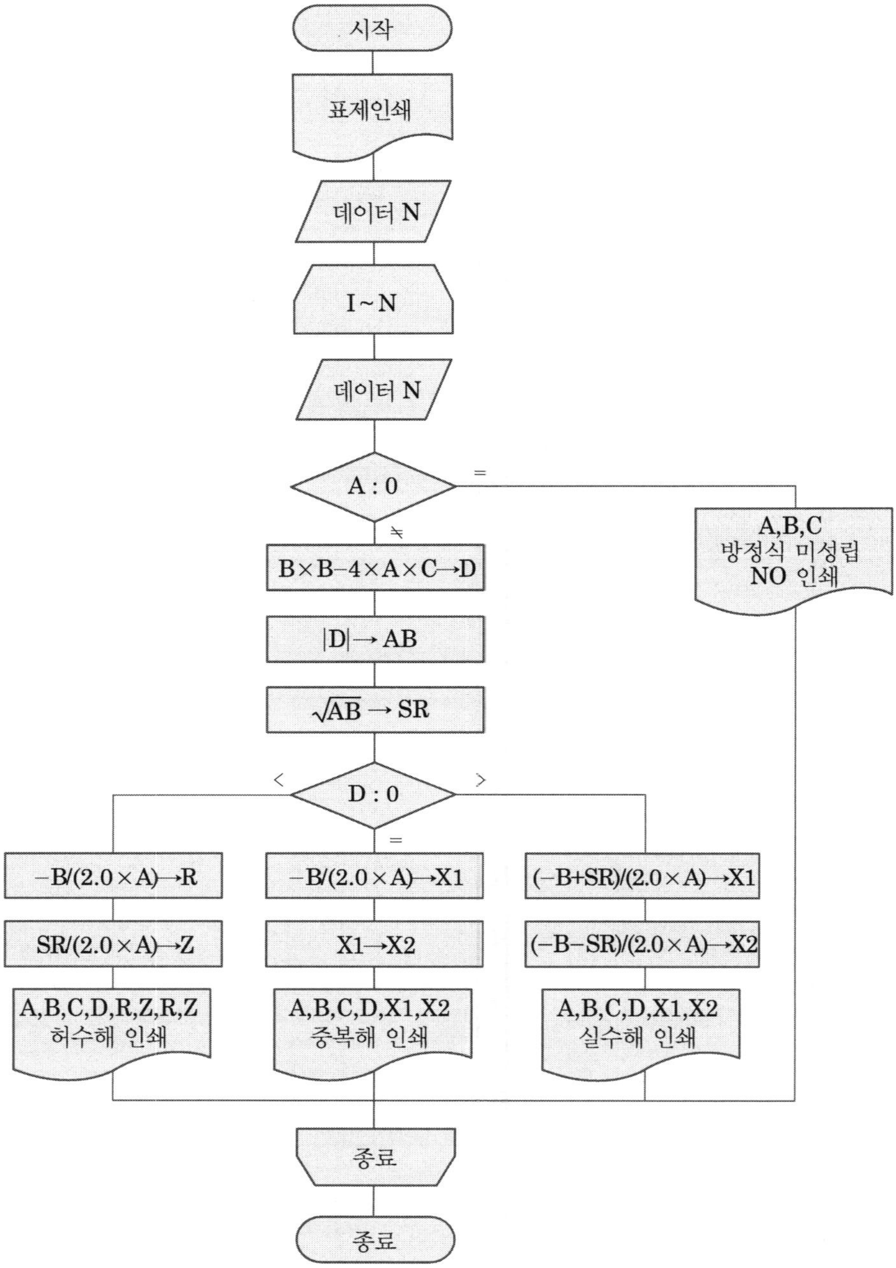

[그림 4.2] 흐름도

① 2행, 3행 : 표제의 인쇄

② 4행 : 데이터 수 N을 읽는다.

③ 5행 : DO문과 문번호 55의 CONTINUE문 사이를 N회 반복한다.

④ 6행 : 계수 A, B, C 값을 읽는다.

⑤ 7행 : A=0일 때, 2차 방정식은 성립하지 않으므로 문번호 44로 가서 A, B, C의 내용과 불성립의 NO를 인쇄한다. A≠0일 때, 다음 행으로 진행한다.

⑥ 8행 : 판별식 $D=b^2-4ac$을 계산한다.

⑦ 9행 : 판별식 D의 절대값을 구한다.

⑧ 10행 : 풀이공식 $x=\frac{-b\pm\sqrt{b^2-4ac}}{2a}$ 의 $\sqrt{b^2-4ac}$를 계산한다.

⑨ 11행 : 판별식 $D>0$ (실수해)이면(일 때) 문번호 11로 간다.

판별식 $D=0$ (중복해)이면 문번호 22로 간다.

판별식 $D<0$ (허수해)이면 문번호 33으로 간다.

⑩ 12행 : 풀이공식 $x_1=\frac{-b\pm\sqrt{b^2-4ac}}{2a}$ 를 계산한다.

⑪ 13행 : 풀이공식 $x_2=\frac{-b\pm\sqrt{b^2-4ac}}{2a}$ 를 계산한다.

⑫ 14행 : A, B, C, X1, X2의 내용과 실수해를 15행의 FORMAT문의 서식을 참조하여 인쇄한다.

⑬ 15행 : FORMAT(1H . 4F7.1, 2X, F7.1, 8X, F7.1, 8X, '실수해')

2자분공백 8자분공백

F7.1을 4회 반복

⑭ 16행 : 실수해의 처리가 끝났으므로 문번호 55의 CONTINUE문으로 간다.

⑮ 17행 : 중복해를 처리한다. 풀이공식 $x=\frac{-b\pm\sqrt{b^2-4ac}}{2a}$ 의 $\sqrt{b^2-4ac}=0$ 이기 때문에 $x=\frac{-b}{2a}$ 가 되므로 $x_1=\frac{-b}{2a}$ 을 계산한다.

⑯ 18행 : 중복해의 경우는 X1=X2 이다.

⑰ 19행, 20행 : A, B, C, D, X1, X2의 내용과 중복해를 인쇄한다.

⑱ 21행 : 중복해의 처리가 끝났으므로 문번호 55의 CONTINUE문으로 간다.

⑲ 22행 : 허수해를 처리한다. $R=-B/(2.0*A)$을 계산한다.

⑳ 23행 : $Z=\sqrt{b^2-4ac}/(2.0*A)$을 계산한다.

㉑ 24행, 25행 : A, B, C, D, R, Z, R, Z의 내용과 허수해를 인쇄한다.

㉒ 26행 : 허수해의 처리가 끝났으므로 문번호 55의 CONTINUE문으로 간다.

㉓ 27행, 28행 : A, B, C의 내용과 방정식 불성립의 NO를 인쇄한다.

㉔ 29행 : 5행의 DO문의 종료문

㉕ 30행 : 실행을 종료한다.

응용문제 2 10부터 20까지의 상용대수 및 자연대수를 구하고, 인쇄하는 프로그램을 작성하시오. 상용대수가 준비되어있지 않을 때는 다음 식에 의하여 상용대수를 구할 수 있다.

$$\log_{10} X = \frac{\log_e X}{\log_e 10}$$

4.2 문함수

프로그램 중에 여러번 같은 계산식을 이용할 때, 프로그램 시작부분에 정의해두고 프로그램 도중에 몇 번이라도 이용할 수 있다. 이 함수를 문함수라 한다.

[예 1]

```
F(X, Y) = (X + Y)/2.0        ····· 문함수 정의
 ≀
Y = F(2.0, 5.0)              ····· 문함수에서 계산되어 Y에 3.5가
                                   기억된다.
```

[예 2]

```
ROT(A) = 1.0/A**2            ······ 문함수 정의
READ(5, *)X                  ······ 문함수에X의 값을 대입해서 계산
                                    된 값을 Y에 기억한다.
Y = ROT(X)
ROT(A) = 1.0/A**2            ······ A는 가인수
Y = ROT(X)                   ······ X는 실인수
```

가인수가 실수형이면 실인수도 실수형, 가인수가 정수형이면 실인수도 정수형이

아니면 문함수에서는 계산할 수 없다.

TA(X)=SIN(X)/COS(X)

≀ 가인수는 실수형

Y=TA(I) 일치하지 않음.

실인수는 정수형

위의 예에서는 가인수는 실수형이고, 실인수는 정수형이므로 일치하지 않는다. 따라서 문자함수로 계산할 수 없다.

예 제

4.3 문함수

$y = ax^2 + bx + c$의 식을 문함수를 이용하여 정의하고 a, b, c를 읽고, 특히 x를 −5.0부터 +5.0까지 1씩 변화시켜 y의 값을 구하고 인쇄하는 프로그램을 작성하시오.

(1) 프로그램

```
C       EXAMPLE 4-3                        문함수
        F(X)=A*X**2+B*X+C
        WRITE(6, *)'      X        Y'
        READ(5, *)A, B, C
        DO 10 X=-5., 5.
          Y=F(X)
          WRITE(6, 1)X, Y
    1     FORMAT(1H, 2F10.2)
   10   CONTINUE
        STOP
        END
```

(2) 출력결과

```
   X          Y
 -5.00      16.00
 -4.00       9.00
 -3.00       4.00
 -2.00       1.00
 -1.00       0.0
  0.0        1.00
  1.00       4.00
  2.00       9.00
  3.00      16.00
  4.00      25.00
  5.00      36.00
```

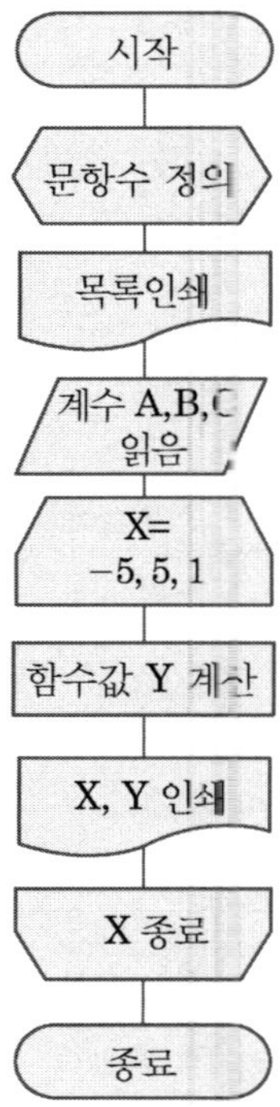

[그림 4.3] 흐름도

① 2행 : $y = ax^2 + bx + c$의 식을 문함수로 정의한다.

② 3행 : 표제를 인쇄한다.

③ 4행 : 주어진 식의 계수 A, B, C를 읽는다.

④ 5행 : DO문과 문번호 10의 CONTINUE문의 사이를 X를 −5부터 5까지 1씩 바꾸면서 반복한다.

⑤ 6행 : 함수 F(X)를 계산한다.

⑥ 7행~8행 : X와 Y의 내용을 인쇄한다.

⑦ 9행 : 5행의 DO문의 종료문

⑧ 10행 : 실행을 종료한다.

응용문제 3 $z = ax^2 + bxy + cy^2$의 식을 문함수로 정의하시오.

연습문제

1. 3개의 정수 A, B, C의 조건이 A<B<C의 수치를 읽고, $Y=|A-B-C|$의 Y값을 구하는 프로그램을 작성하시오.

2. X의 값을 읽고, $Y=\frac{1}{\sqrt{X}}$의 Y값을 구하는 프로그램을 작성하시오.

3. 각도 A°의 값을 0°에서 90°까지 10°씩 변화시켜 $Y=\sin A^\circ+\cos A^\circ$의 Y 값을 구하는 프로그램을 작성하시오.

4. $Y=\frac{A}{\sqrt{X}}$의 식을 문함수를 이용하여 정의하고, A를 읽고 X를 1부터 10까지 1씩 변화시켜 Y의 값을 구하는 프로그램을 작성하시오.

Chapter 5

이해하기 쉬운 출력방법

데이터를 입력할 때 입력데이터와 출력데이터의 형식을 지정하는 FORMAT문의 사용방법과 문자데이터의 출력방법에 대해 배운다.

5.1 FORMAT문의 사용방법

[1] 정수데이터의 출력

WRITE문과 출력형식을 지정하는 FORMAT문을 사용한다. FORMAT문 안에서는 인쇄용지의 종이전송과 출력형식을 지정한다.

인쇄하기 전에 이루어지는 행 바꿈 등의 종이전송 지정에는 다음의 4종류가 있다.

- 1 H ␣ (또는 ' ') …인쇄 전에 1행 행바꿈(다음 행의 첫머리부터 인쇄)
- 1 H 0 (또는 ' 0 ') …인쇄 전에 2행 행바꿈(1행 간격으로 인쇄)
- 1 H 1 (또는 ' 1 ') …인쇄 전에 상단으로 이동(페이지를 바꾸어 인쇄)
- 1 H + (또는 ' + ') …행을 바꾸지 않음(같은 행에 인쇄)

또한 레이저프린터 등에서는 같은 행에 중복하여 인쇄할 수 없는 것도 있어 「1 H +」

는 사용할 수 없는 경우도 있다.

출력형식은 다음과 같이 지정한다.

Iw

이것을 형식지정자라 한다. I는 데이터가 정수형(I는 정수 : interger의 의미), *w*는 데이터의 자릿수를 나타낸다.

M1=123, M2=456로서 예 1의 출력을 실행하면 그림 5.1과 같이 인쇄된다.

```
␣␣123␣␣456
```

[그림 5.1]

[예 1]

```
      WRITE(6, 1) M1, M2
    1 FORMAT(1H␣, I5, I5)
```

참조된 WRITE문의 문번호

형식지정자의 자릿수를 실제 수치의 자릿수보다 크게 취하면, 우측에서부터 인쇄되어 좌측에 여백이 생긴다.

또한 같은 형식의 형식지정자가 계속 될 때 다음과 같이 써도 된다.

```
1  FORMAT (' ', 2I5)
```

[2] 실수데이터의 출력(예 1)

실수데이터의 출력에는 일반적으로 다음 형식의 형식지정자가 이용된다.

F *w.d*

여기서, F는 데이터가 실수형(F는 부동소수점표시: floating point 의 의미), *w*는 전체 자릿수, *d*는 소수부 자릿수이다.(그림 5.2참조)

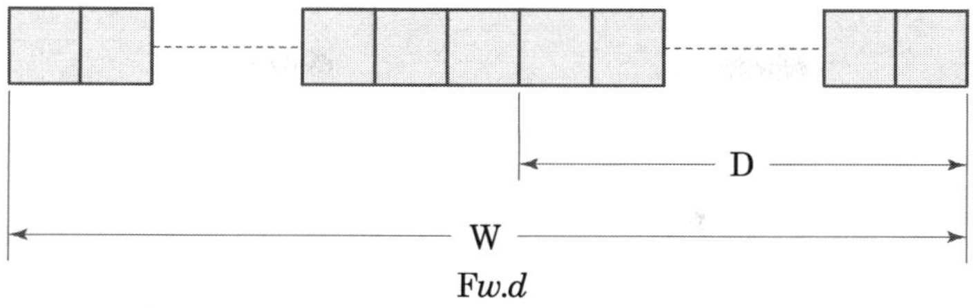

[그림 5.2] F형 형식지정자

형식지정자는 데이터의 입출력을 할 때, 컴퓨터 내부에서 정보 변환을 실행하는 것으로 F $w.d$형을 F형 형식지정자, Iw형을 I형 형식지정자라 한다. WRITE문의 출력 병행의 변수형과 FORMAT문의 형식지정자의 형식은 일치해야 한다.

[예 2]

```
      WRITE(6, 1) M1, A
    1 FORMAT(' ', I5, F15.7)
```

12345.67이라는 8자릿수 데이터를 각각 다른 형식으로 출력할 때의 예를 그림 5.3에 나타내었다.

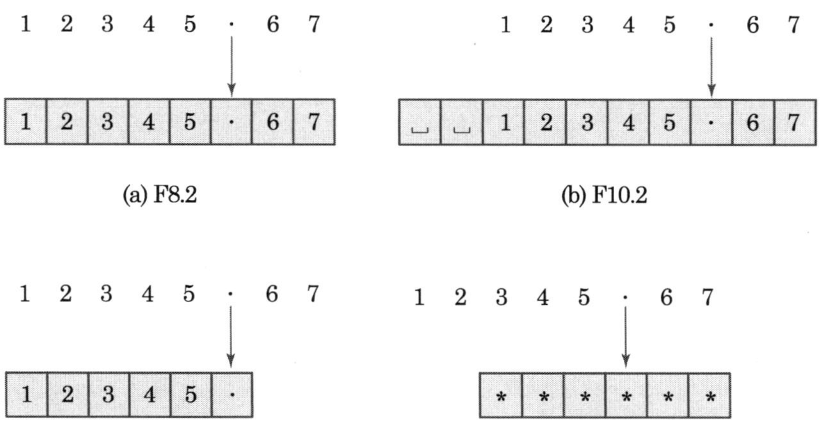

[그림 5.3] 형식지정자와 인쇄되는 방향

[3] 문자열의 인쇄

1) 문자열

다음과 같이 문자를 인용부(「'　」 어포스트로피)로 나타내든지, nH××××× (n은 H 뒤에 쓴 문자수로 H형 형식지정자라 한다.)로 나타낸 것을 문자열이라 한다. FORMAT문 안에 쓰는 것으로 문자를 인쇄할 수 있다.

'등번호'　　　　　　　　　　　7H'등번호'

2) 구분기호

형식지정자의 구분에는 「,」와 「/」이 있다. 「,」으로 구분하면 같은 행에 계속하여 인쇄되며, 「/」으로 구분하면 행이 종료된다. 「/」 다음에 형식지정자를 쓸 때에는 전송종이 지정을 쓰고 나서 한다.

3) 공백을 두는 방법

숫자와 문자열 사이에 공백을 둘 때는 nX(n은 공백 수)라는 형식지정자를 이용한다. 이것을 X형 형식지정자라 한다.

응용문제 1 A=123.45, B=356.41, M=[illegible]00, N=-10일 때 다음 출력문을 실행하면 어떻게 인쇄 되는가?

```
WRITE(6, 1) A, B, M, N
1  FORMAT (1H␣, F10.1, F10.2/1H0, 2 I 5)
```

또한 다음과 같이 기술하면 문자열의 좌단 공백 문자가 종이전송 지정에 사용되어, 다음 2개의 FORMAT문은 같은 기능을 한다.

[예 3]

```
FORMAT ('␣평균=', I 5)
FORMAT (1H␣, '평균=', I 5)
```

예 제

5.1 타율의 계산

어느 대학 야구부의 선수수 N과 각 선수의 등번호 NO 및 춘계 리그전 12시합의 출장시합수 M, 타수 D, 안타수 H를 입력하여 타율 R을 계산하고, 각선수의 등번호, 출장시합수, 타수, 안타수 및 타율을 인쇄하시오.

(1) 프로그램

```
C         EXAMPLE 5-1                    타율계산
          WRITE(6, 200)
  200     FORMAT(1H0,'등번호,5X,'시합수',5X,'타수',
          +6X,'안타수',5X,'타율'/)
          READ(5, *)N
          DO 10 I=1, N
            READ(5, *)NO, M, D, H
            R=H/D
            WRITE(6, 210)NO, M, D, H, R
    210     FORMAT(1H ,I6,I10,2F10.0,F10.3)
    10    CONTINUE
          STOP
          END
```

(2) 출력결과

등번호	시합수	타수	안타수	타율
1	12	42.	20.	0.476
2	12	49.	14.	0.286
3	11	41.	11.	0.268
4	12	45.	15.	0.333
5	9	29.	15.	0.517
6	10	42.	15.	0.357
7	12	53.	24.	0.453
8	10	38.	11.	0.289
9	12	37.	9.	0.243
10	11	27.	7.	0.259
11	12	43.	17.	0.395
12	8	24.	4.	0.167
13	5	15.	2.	0.133
14	10	35.	9.	0.257
15	10	33.	6.	0.182

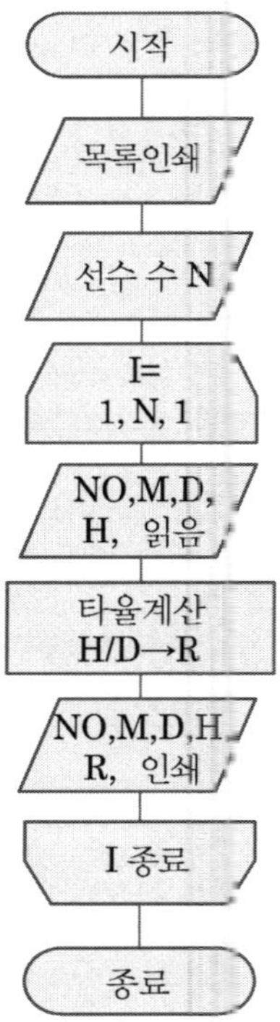

[그림 5.4] 흐름도

[4] 실수데이터의 출력(예 2)

1) 지수표시의 실정수

상당히 큰 수와 작은 수는 지수형식으로 나타내는데, FORTRAN에서도 다음과 같이 지수형식으로 나타낸다.

1500000 → 1.5× 106 → 1.5E+06

0.000015 → 1.5× 10−5 → 1.5E−05

지수는 ±76까지 사용할 수 있기 때문에 상당히 큰 수와 작은 수도 입출력할 수 있다.

2) 출력

지수표시의 데이터를 출력하는 형식지정자를 E형 형식지정자라 하며, 그림 5.5와 같은 형식으로 나타낸다.

Ew.d

여기서, E는 지수(Exponential)표시의 실수형 데이터를 w는 전체 자릿수, d는 소수부의 자릿수를 나타낸다. 출력 E형 형식지정자에서는 그림 5.6과 같이 w와 d의 크기의 관계는 다음과 같이 된다.

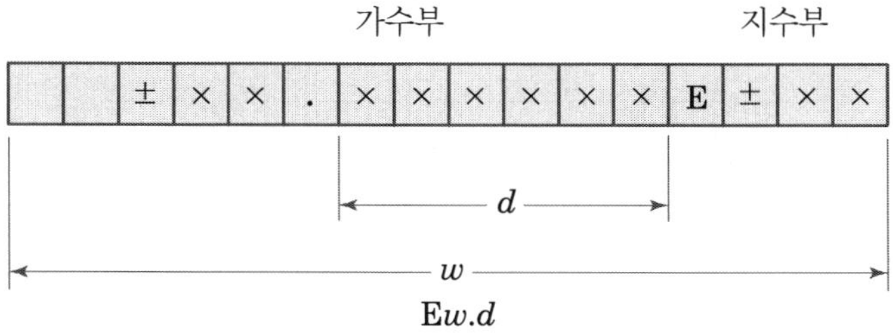

[그림 5.5] E형 형식지정자

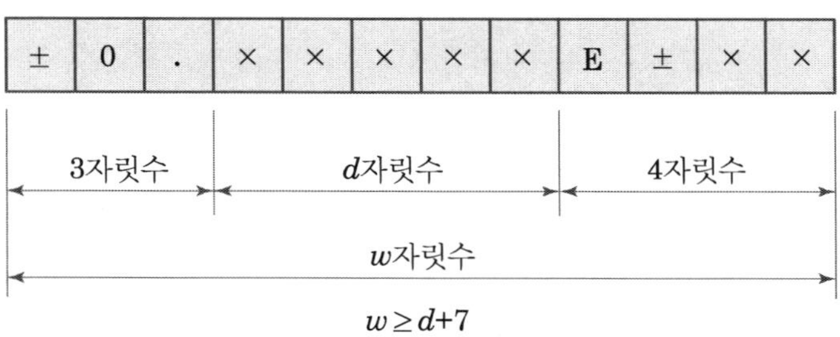

[그림 5.6]

예 제

5.2 뉴턴(Newton)법

$x^2-2=0$의 근을 뉴턴법에 의하여 구하는 프로그램을 작성하시오. 단, 정밀도는 10^{-5}으로 한다.

■ 뉴턴법의 개요

뉴턴법은 $f(x)=0$의 고차방정식 등에서 근사값을 알고 있을 때 이것을 반복하여 수정하고 참의 근을 구하는 근사해법이다. 이 방법은 $f(x)$의 도함수 $f'(x)$를 쉽게 구할 수 있는 방정식에 적용된다.

그림 5.7과 같이 $y=f(x)$의 곡선이 x축과 교차하는 점 a가 $f(x)=0$의 근이 된다. 지금 a에 가까운 적당한 값 x_0를 초기값으로 한다. 그래프상의 점 $P_0\{x_0, f(x_0)\}$ 점에서 접선을 그어, 이것과 x축과 교차하는 점을 x_1으로 하고, x_1에서 수선과 곡선 $y=f(x)$와 교차하는 점을 P_1으로 한다. 다시 점 P_1에서 접선을 그어 이것과 x축과의 교점 x_2를 구한다. 이 처리를 순차 반복하여 $x_1 \to x_2 \to \cdots\cdots \to x_n$을 구하면 x축과의 교점 x_n은 점점 참의 값에 가까워진다. 점 P_0에서의 접선의 방정식은,

$$y-f(x)=f'(x)(x-x_0) \tag{5.1}$$

로 주어지기 때문에 접선과 x축과의 교점 x_1은 위의 식으로부터 $y=x_0$, $x=x_1$으로 두고 다음 식으로 구할 수 있다.

$$x_1=x_0-\frac{f(x_0)}{f'(x_0)} \qquad \therefore\ f'(x_0)\neq 0 \tag{5.2}$$

이 계산은 반복되기 때문에 일반식으로 나타내면 다음과 같다.

$$x_{i+1}=x_i-\frac{f(x_0)}{f'(x_0)} \qquad (i=0,\ 1,\ 2,\ \cdots\cdots) \tag{5.3}$$

뉴턴법에서는 위의 계산을 반복하여 점점 참의 값에 가까워지지만, 이 계산은 영원히 계속되기 때문에 연속하는 2개의 근사값의 차이가 미리 결정된 값(정밀도) ε보다 작을 때, 즉

$$|x_{i+1} - x_i| < \varepsilon \tag{5.4}$$

로 되었을 때, 반복을 정지시킨다.

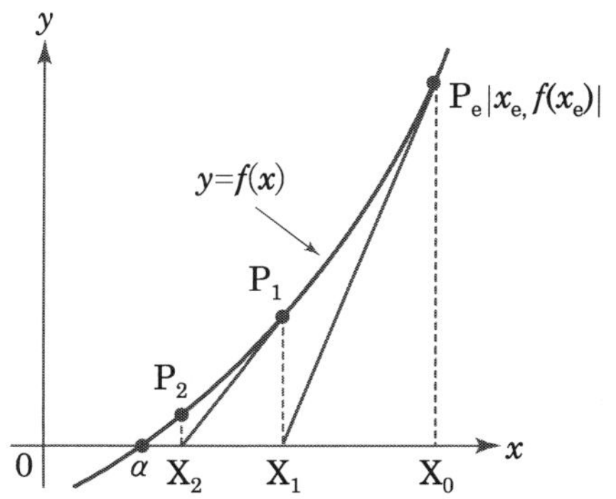

[그림 5.7] 뉴턴법

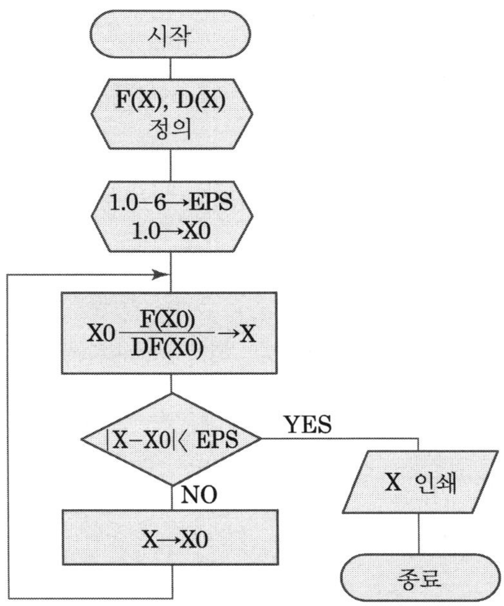

[그림 5.8] 흐름도

(1) **프로그램**

```
C       EXAMPLE 5-2   NEWTON METHOD
        F(X)=X**2-2
```

```
      DF(X)=2*X
      EPS=1.0E-06
      X0=1
10    X=X0-F(X0)/DF(X0)
      IF(ABS(X-X0).LT.EPS) GO TO 20
      X0=X
      GO TO 10
20    WRITE(6, 100)X
100   FORMAT(' ANSWER=',E15.7)
      STOP
      END
```

(2) 출력결과

```
ANSWER = 0.1414213E + 01
```

5.2 문자의 취급

[1] 문자형의 형선언

문자를 취급하는 문자변수는 CHARACTER문을 사용하여 형선언을 한다.

[예1] CHARACTER NAME*10, NO

이 예에서는 다음 문자변수가 선언된다.

① NAME라고 하는 변수를 10자릿수의 문자변수로 한다.(*10은 자릿수의 지정)

② NO라고 하는 변수를 1자릿수의 문자변수로 한다.(자릿수 지정을 생략하면 1자릿수)

[예2] CHARACTER*20　A, B, C*10

① A와 B는 20자릿수의 문자변수로 된다. (자릿수 지정을 생략하면 시작의 *20으로 지정된 수로 된다.)

② C는 10자릿수의 문자변수로 된다.(자릿수를 지정하면 *20은 무시되어 지정된 자릿수로 된다.)

[2] 문자데이터의 입출력

문자데이터를 입출력 할 때는 다음의 형식지정자를 이용한다. 이것을 A형 형식지정자라 한다.

A_w ;　w는 문자의 자릿수

1) 입력할 때

문자데이터를 입력할 때 A형 형식지정자로 지정한 자릿수와 CHARACTER 문으로 선언한 변수의 자릿수가 일치하지 않을 때는 다음과 같이 된다.

① 변수의 자릿수가 A형 형식지정자로 지정한 자릿수보다 작을 때는 왼쪽에서부터 채우고 끝까지 들어갈 수 없는 문자는 버린다.

② 변수의 자릿수가 A형 형식지정자로 지정한 자릿수보다 클 때는 왼쪽에서부터 채우고 남는 자릿수에는 공백을 채운다.

데이터	ABCD	ABCD	ABCD
입력된 문자	ABC	ABCD	ABCD_
형식지정자	A4	A4	A4
변수의 자릿수	3자릿수	4자릿수	5자릿수

2) 출력할 때

A형 형식지정자로 자릿수를 지정한 문자데이터를 출력할 때, A형 형식지정자로 지정한 자릿수와 CHARACTER문으로 선언한 변수의 자릿수가 일치하지 않을 때는 다음과 같이 된다.

① A형 형식지정자로 지정한 자릿수가 변수의 자릿수보다 작을 때는 왼쪽에서부터 A형 형식지정자로 지정한 자릿수만 출력하고, 뒤의 문자는 버린다.

② A형 형식지정자로 지정한 자릿수가 변수의 자릿수보다 클 때는 문자를 오른쪽에서부터 채우고 출력하기 전에 공백을 채운다.
형식지정자의 자릿수를 생략한 경우에는 변수의 자릿수와 같은 것으로 판단한다.

데이터	ABCD	ABCD	ABCD	ABCD
출력된 문자	ABC	ABCD	_ABCD	ABCD
형식지정자	A3	A4	A5	A
변수의 자릿수	4자릿수	4자릿수	4자릿수	

응용문제 2 문자변수 A, B, C의 값이 각각 'ABCDE', 'ABC', 'AB'로 되어 있을 때, 다음 출력문을 실행하면 어떻게 인쇄되는가?

예 제

5.3 신장과 체중의 평균

N인의 학생 이름 NAME, 키 S, 체중 T를 입력하고 키와 체중의 평균을 구하고, NAME, S, T 및 키와 체중의 평균을 다음과 같이 인쇄하는 프로그램을 작성하시오.

```
      NAME          HEIGHT(cm)          WEIGHT(kg)
       KIM             159.0               65.8
      PARK             169.2               56.8
      HONG             179.2               71.4
       LEE             152.7               48.3
      JANG             186.3               76.8

    AVERAGE            169.3               63.8
```

(1) 프로그램

```
1  C       EXAMPLE 5-3                          신장과 체중의 평균
```

```
      CHARACTER*15 NAME
      WRITE(6, 200)
  200 FORMAT(1H0,'NAME',15X,'HEIGHT',4X,'WEIGHT'/)
      SG=0
      TG=0
      READ(5, *)N
      DO 10 I=1, N
        READ(5, 100)NAME, S, T
  100   FORMAT(A15,2F5.1)
        SG=SG+S
        TG=TG+T
        WRITE(6, 210)NAME, S, T
  210   FORMAT(1H ,A,2F10.1)
   10 CONTINUE
      SH=SG/FLOAT(N)
      TH=TG/FLOAT(N)
      WRITE(6, 220)SH, TH
  220 FORMAT(1H0,'AVERAGE',11X,2F10.1)
      STOP
      END
```

[3] 문자연산자

문자열과 문자열을 //으로 연결할 수 있다.

예) 'AB'//'CD'//'EF'는 'ABCDEF'와 같다.

[4] 문자부분열

문자열의 어느 일부만을 끄집어내는 것으로 다음 형식으로 기술한다.

문자변수 (문자위치식 : 문자위치식)

여기서, 문자위치식은 정의 정수 또는 정의 정수식으로 한다.

CHARACTER MUNJA*10 으로 선언할 때,

MUNJA (1 : 6)은 1자릿수부터 6자릿수까지의 문자열을 나타낸다.

MUNJA (: 6)은 MUNJA (1 : 6)과 같다.

MUNJA (6 :)은 6자릿수부터 10자릿수까지의 문자열을 나타낸다.

MUNJA (:)은 1자릿수부터 10자릿수까지의 문자열을 나타낸다.

MUNJA (6 : 6)은 6자릿수의 문자를 나타낸다.

[5] 문자데이터의 설정

변수에 문자를 입력하는 방법에는 READ문에 의해 읽는 방법 외에 DATA문과 대입문을 사용하는 방법이 있다.

1) DATA문을 사용하는 방법

DATA문은 변수에 데이터를 설정하는 문이다. DATA문은 모든 실행문의 앞에 둔다.

DATA MUNJA/'ABCDE'/

2) 대입문을 사용하는 방법

MUNJA='ABCDE'

[6] 문자 데이터의 비교

2개의 문자식 e_1, e_2를 IF문으로 비교할 때 수치데이터일 때와 같이 이것을 관계연산자 (. EQ.,. NE.,. LT.,. LE.,. GT.,. GE.)로 끝맺는다. 이것을 문자관계식이라 한다. 문자의 대소관계는,

숫자에서는   0<1<……<9

문자에서는   A<B<……<Z

ㄱ<ㄴ<……<ㅎ

으로 된다. 또한 e_1, e_2의 길이가 다를 때는 짧은 쪽의 값의 우측에 공백이 붙여져, 동일한 길이로 해서 비교된다.

[예] 'LARGE'. LT. 'SMALL' … TRUE
'SPACE'. EQ. 'SPACE ' … TRUE
'BLANK'. EQ. ' BLANK' … FALSE

예 제

5.4 곡선

$y=x^2$에서 식의 x의 값을 −5부터 +5까지 1씩 변화시켜 y의 값을 구하고, 다음과 같은 그래프를 그리는 프로그램을 작성하시오. 또한 x와 y의 값도 인쇄하시오.

```
                                          X       Y
                                 *      -5.0    25.0
                        *               -4.0    16.0
                  *                     -3.0     9.0
              *                         -2.0     4.0
           *                            -1.0     1.0
          *                              0.0     0.0
           *                             1.0     1.0
              *                          2.0     4.0
                  *                      3.0     9.0
                        *                4.0    16.0
                                 *       5.0    25.0
```

(3) 사고방법

예제 5.4와 같은 프로그램을 작성할 때 x축을 인쇄용지의 진행방향(디스플레이의 경우는 세로방향)에, y축을 인쇄용지의 실행방향(디스플레이의 경우는 가로방향)으로 취한다. y축의 1행분을 문자변수 LINE(예제 5.4의 경우는 30자릿수)로서 취하고, x의 값에 대응하는 y의 값을 계산하여 y의 값에 따른 자릿수 위치 Y에 「*」를 입력해두고, LINE을 출력한다.

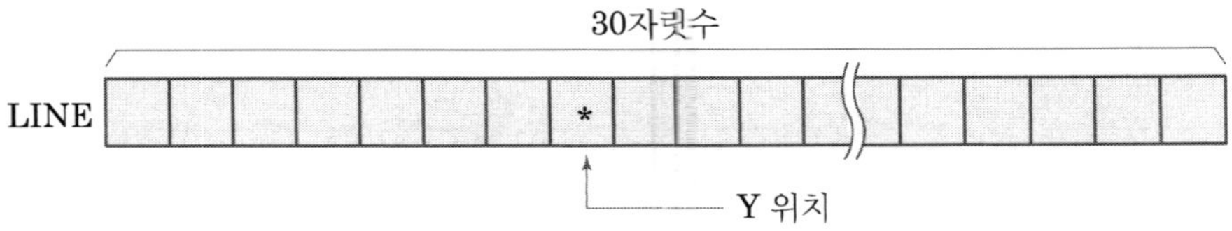

[그림 5.10]

① 6행 : LINE에 공백을 입력한다.

② 7행 : y의 값을 계산한다.

③ 8행 : LINE상의 자릿수 위치 Y를 구한다. Y에 5를 더하여 정수화한다.(y의 값이 0일 때는 5자릿수에 *을 입력한다.)

④ 10행 : LINE을 출력한다.

또한 y의 값에 소수점이하의 끝수가 있는 경우에는 반올림을 한다. 여기에서는 y의 값이 양수일 때 0.5를 더하여 정수화하고, y의 값이 음수일 때 0.5를 빼고 정수화하면 된다.

(1) 프로그램

```
1   C       EXAMPLE 5-4   곡선
2           CHARACTER LINE*30
3           WRITE(6, 200)
4       200 FORMAT(1H0,34X,'X      Y'/)
5           DO 10 X=-5.,5.
6           LINE=' '
7           Y=X*X
8           L=Y+5
9           LINE(L:L)='*'
10          WRITE(6, 210) LINE,X, Y
11      210 FORMAT(1H , A,2F6.1)
12      10  CONTINUE
13          STOP
14          END
```

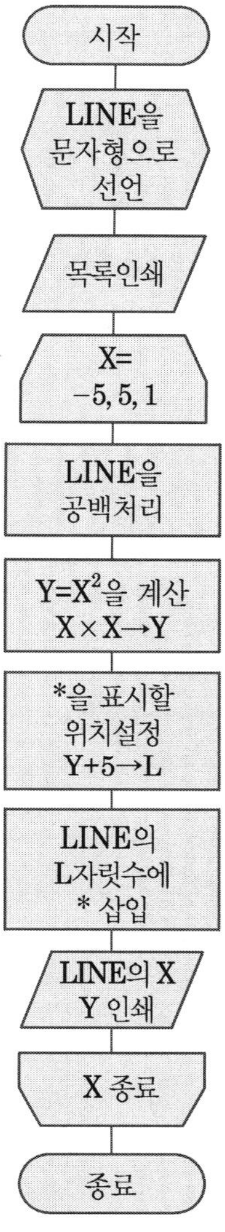
시작
LINE을 문자형으로 선언
목록인쇄
X= −5, 5, 1
LINE을 공백처리
Y=X²을 계산 X×X→Y
*을 표시할 위치설정 Y+5→L
LINE의 L자릿수에 * 삽입
LINE의 X Y 인쇄
X 종료
종료

[그림 5.11] 흐름도

연습문제

1. 어느 대학의 야구부 선수 N명의 등번호 NO, 성명 NAME 및 춘계리그전 타수 D, 안타수 H를 입력하여 타율 R을 구하고, 타율이 2할 5푼 이상인 선수의 등번호 NO, 성명 NAME, 타수 D, 안타수 H 및 타율 R을 인쇄하는 프로그램을 작성하시오.
2. 각도 A를 0°에서 360°까지 10°씩 바꾸면서 그때마다 sin(A)의 값을 구하고, 다음과 같은 그래프를 그리는 프로그램을 작성하시오.

```
                                                  X        SIN
                    *                             0.       0.0
                       *                         10.       0.1736
                           *                     20.       0.3420
                              *                  30.       0.5000
                                 *               40.       0.6428
                                   *             50.       0.7660
                                     *           60.       0.8660
                                       *         70.       0.9397
                                        *        80.       0.9848
                                        *        90.       0.0000
                                        *       100.       0.9848
                                       *        110.       0.9397
                                     *          120.       0.8660
                                   *            130.       0.7660
                                 *              140.       0.6428
                              *                 150.       0.5000
                           *                    160.       0.3420
                       *                        170.       0.1737
                    *                           180.       0.0000
                 *                              190.      -0.1736
             *                                  200.      -0.3420
          *                                     210.      -0.5000
       *                                        220.      -0.6428
     *                                          230.      -0.7660
   *                                            240.      -0.8660
 *                                              250.      -0.9397
*                                               260.      -0.9848
*                                               270.      -1.0000
*                                               280.      -0.9848
 *                                              290.      -0.9397
   *                                            300.      -0.8660
     *                                          310.      -0.7660
       *                                        320.      -0.6428
          *                                     330.      -0.5000
             *                                  340.      -0.3420
                 *                              350.      -0.1737
                    *                           360.      -0.0000
```

3. 연초에 연리 r%로 x원을 차입하고(빌리고), 매년 말에 y원씩 균등하게 반제할 때(갚을 때) 매년 반제상황과 차입금 반제시의 반제액을 구하고 인쇄하는 프로그램을 작성하시오.

① 차입잔고는 매년 복리계산에 의해서 다음과 같이 한다.

1년째의 연초 차입잔고 z_1은 x원이다. 연말에는 r%의 이자가 가산되므로 $z'_1 = z_1 \times (1 + r/100)$원이 된다. 여기서 y원을 반제하기 때문에 2년째의 연초 차입금액은 $z_2 = (z'_1 - y)$원이고, 연말에는 $z'_2 = z_2 \times (1 + r/100)$원이 된다. 여기에서 다시 y원을 반제하고, 3년째에 들어간다. 이하는 똑같이 z'_s가 y원 이하로 될 때까지 반복한다. z'_n이 y원 이하로 될 때 z'_n을 반제하여 차입금을 모두 납입하게 된다. 또한 이자계산에 따라 나오는 1원 미만의 끝수는 버리는 것으로 한다.

② 차입금 x원, 매년 반제금 y원 및 연이율 r%는 카드에서 읽는 것으로 한다. 반제금 y원은 1년째의 이자 $x \times r/100$원보다 큰 것으로 한다.

4. 남학생 n명의 신장(단위는 cm)을 읽고, 평균 신장과의 차이를 다음과 같은 막대그래프로 나타내는 프로그램을 작성하시오.

① 그림과 같이 막대그래프는 평균 신장을 중심으로 좌측이 마이너스, 우측이 플러스를 나타낸다. 평균 신장과의 차이는 반올림하여 cm단위로 표시한다.

② 평균 신장과의 차이(반올림)는 플러스, 마이너스 모두 30cm 미만, n은 1이상 25이하이다.

Chapter **6**

배 열

많은 동일한 성질의 데이터를 취급하는 경우 배열을 이용하면 편리하다. 이 장에서는 자주 이용되는 1차원 배열, 2차원 배열 및 문자형배열에 대해서 학습한다.

6.1 1차원 배열

[1] 배열이란

지금까지는 처리하려고 하는 데이터는 변수로 두었다. 그러나 데이터 수가 많아져 그 하나하나에 변수를 배당하여 처리하려고 하면 READ문만을 취해도 그 수만의 입력병행이 필요하게 된다. 특히 대입문과 출력문 등이 필요하게 되므로 프로그램은 더욱 번잡하게 되어 버린다. 이것을 해결하는 것이 배열이다.

따라서 배열이란 동일한 성질의 데이터 전체에 대해, 거기서 대표하는 이름(배열명)을 붙인 것이다. 각각의 데이터는 첨자를 이용하여 구별한다.

[2] 배열의 선언과 배열요소

배열을 사용하는 경우 프로그램의 서두(첫머리) 즉, 어떤 실행문 보다도 앞에 배열명, 배열의 차원수, 배열의 크기 등을 선언문을 이용하여 정의한다.

예 제

6.1 1차원 배열

실수형, 크기 1000, 배열명 WEIGHT라고 하는 1차원배열을 선언하시오.

1차원 배열의 선언문은,

DIMENSION WEIGHT (1000)

으로 쓴다. DIMENSION은 DIMENSION문이라 하고, 배열을 선언한다. 여기서 WEIGHT (1000)을 배열선언자, WEIGHT를 배열명, 1000을 치수선언자라 하며 배열의 크기를 나타낸다. 이와 같이 선언하면 메모리에 그림 6.1과 같은 영역이 확보된다.

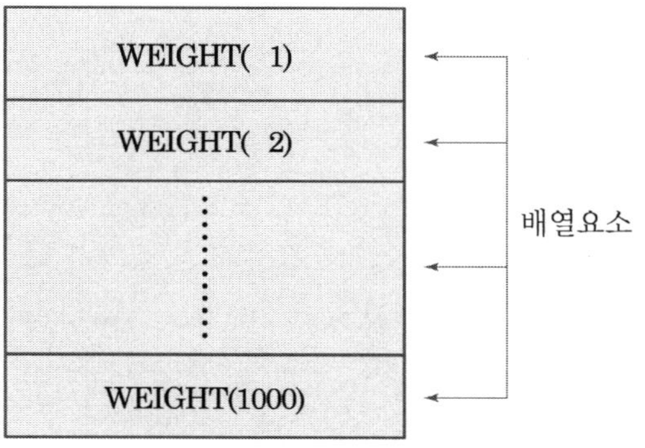

[그림 6.1] 1차원 배열

배열명 WEIGHT의 첫 글자가 W이기 때문에 묵시적 형선언이 따르고, 그 배열의 형은 실수형이 되어 실수형의 데이터를 넣을 수 있다. 이와 같이 배열의 형은 변수의 형 취급과 동일하다(같다).

(1), (2), … (1000)을 첨자라 한다. ( )안의 정의 정수 또는 정수형의 산술식을 첨자식이라 한다. 첨자식은 음수의 값도 허용된다.

프로그램을 만들 때 배열의 크기를 어느 정도로 하면 좋은지 모르는 경우가 있다. 이러한 경우는 미리 예상되는 데이터 수를 산정하고 정하면 좋다. 여유를 갖게 하여 조금 큰 쪽이 좋다.

[3] DO변수와 배열의 첨자식의 관계

배열을 이해하는 포인트는 DO문의 DO변수와 배열의 첨자식을 어떻게 관련시키느냐이다. 다음 예제를 통해 알아보자.

예 제

6.2 배열요소의 합

크기가 100인 1차원 배열 수(NUMBER)에서 각 요소의 첫 번째부터 순서대로 1~100까지의 수를 고정하고, 이 요소의 합계(SUM)를 구하고 인쇄하는 프로그램을 작성하시오.

(1) 사고방법

1부터 100까지의 합을 구할 때 배열을 사용할 필요는 없지만, 여기에서는 배열을 이해하기 위해 이용한다.

1) 고정 방법

그림 6.2와 같이 배열조건 NUMBER (1)에 1, NUMBER (2)에 2, …NUMBER (100)에 100을 고정하는 것이므로 첨자식의 수와 고정한 수는 동일한 수가 대응하고 있다. 이 관계에 착안하여 DO문의 DO변수 I를 1부터 100까지 1씩 바꾸어 반복처리를 할 때, 이 I를 배열의 첨자식으로 이용한다.

2) 합계를 구하는 방법

각 요소의 합계를 구할 때는 NUMBER (1)+NUMBER (2)+ … +NUMBER (100)이라는 계산을 하면 좋다. 이 계산을 할 때 변수 KEI의 초기값을 0으로 해두고, KEI=KEI+KAZU(I)이라는 대입문의 배열 NUMBER의 첨자식 I를 1부터 100까지 1씩 바꾸면, 최종적으로 좌변의 SUM에 합계가 구해진다. 그 과정을 그림 6.3에 나타내었다.

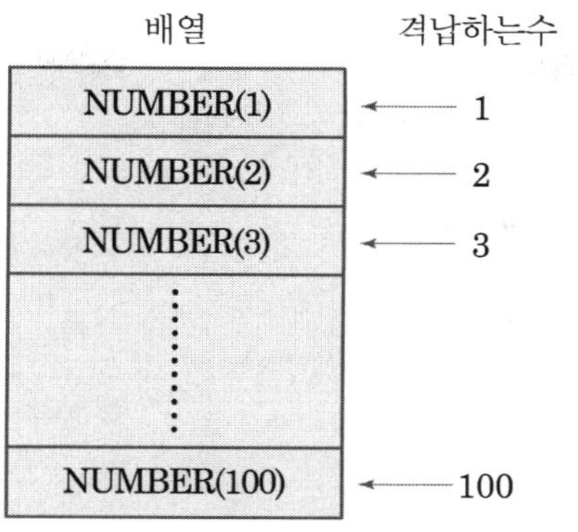

[그림 6.2] 배열요소와 고정하는 수

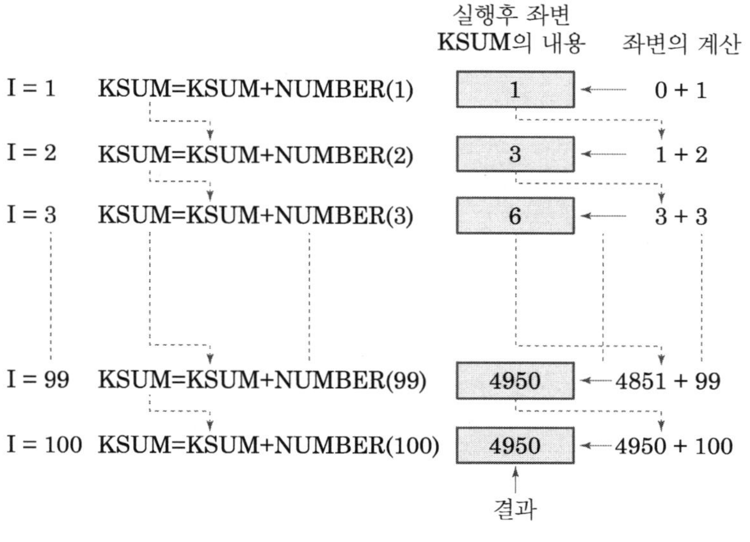

[그림 6.3] KSUM=KSUM+NUMBER(1)의 실행과정

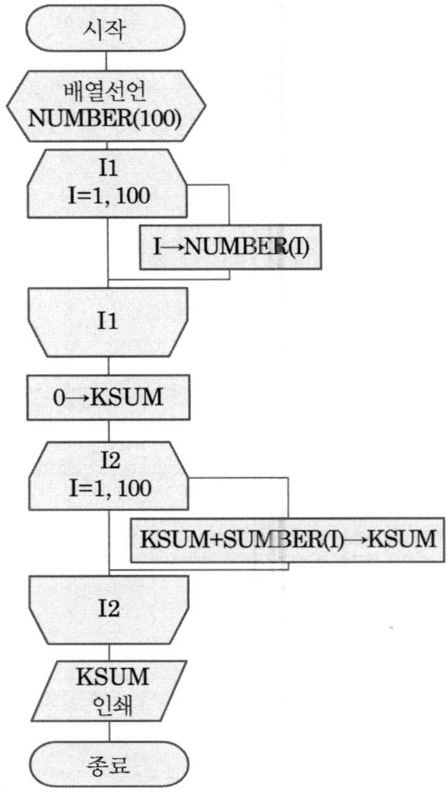

[그림 6.4] 흐름도

(2) **프로그램**

```
C       EXAMPLE 6-2                       배열요소의 합
C
        DIMENSION NUMBER(100)             배열선언
        DO 10 I=1, 100                    각 배열요소에 1부터 순서대로
          NUMBER(I)=I                     100까지의 수를 넣는다.
    10  CONTINUE
        KSUM=0
        DO 20 I=1, 100                    배열요소의 합계를 구한다.
          KSUM=KSUM+NUMBER(I)
    20  CONTINUE
```

```
      WRITE(6, *)'SUM=',KSUM        결과의 인쇄
      END
```

(3) 출력결과

```
SUM=5050
```

[4] 배열의 입출력

예 제

6.3 신장의 평균

그림 6.5와 같이 첫 번째 카드에 데이터 건수(N), 다음 카드부터 마지막까지 학생번호(NO)와 신장(HEIGHT)이 천공되어 있다. 이 신장 데이터를 배열로 읽고 합계(SUM), 평균(AVERAGE)을 구하고 인쇄하는 프로그램을 작성하시오.

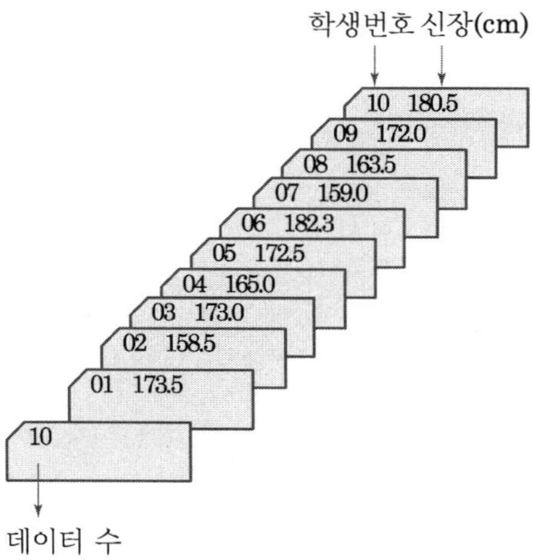

[그림 6.5] 신장 데이터

(1) 사고방법

1) 배열에 데이터를 입력하는 방법

NO와 HEIGHT는 크기 10의 1차원배열로서 선언하고, 데이터 건수 N도 읽는 것으로 한다.

① DO문에 의한 방법

배열에 데이터를 입력하는 부분의 프로그램은 다음과 같이 DO루프 중에 READ문을 쓰는 것에 따라 얻어진다. 이것에 의하여, 예를 들면, DO변수 I=1일 때 1건의 데이터의 학생번호는 NO(1)로, 신장은 HEIGHT(1)에 고정된다.

```
    DO  10  I=1, N
        READ (5, *) NO(I), HEIGHT(I)
10 CONTINUE
```

② DO형 병행을 사용하는 방법

①의 DO문을 입력 또는 다음과 같이 쓰는 것에 따라 똑같은 처리를 할 수 있다. 이와 같은 병행을 DO형 병행이라 한다. 배열에 데이터를 입력할 때 이 DO형 병행을 사용하는 것이 일반적이다.

```
READ (5, *)(NO (1), HEIGHT(I), I=1, N)
```

2) 배열 데이터를 출력하는 방법

입력의 경우와 같이 DO형 병행을 사용하여 다음과 같이 쓸 수 있다. FORMAT문은 일례이다.

```
        WRITE(6, 610)(NO (I), HEIGHT(I), I=1, N)
610     FORMAT('␣', I3, F12, 1)
```

(2) 프로그램

```
C       EXAMPLE 6-3                         신장의 평균
C
        DIMENAION NO(10),HEIGHT(10)         배열선언
        GOUKEI=0
```

```
      READ(5, *)N
      READ(5, *)(NO(I),HEIGHT(I),I=1,N)      배열로 읽는다.
      DO 10 I=1,N
        SUM=SUM+HEIGHT(I)              합계의 계산
   10 CONTINUE
      AVERAGE=SUM/N                    평균의 계산
      WRITE(6, 600)
      WRITE(6, 610)(NO(I),HEIGHT(I),I=1,N) 배열의 내용을 인쇄
      WRITE(6, 620)SUM,N,AVERAGE
  600 FORMAT(' ',' NO.     HEIGHT(CM)'/)
  610 FORMAT(' ',I3.F12.1)
  620 FORMAT('0','SUM',F9.1/' ','NUM',I10/
     &         ' ','AVERAGE',F9.1)
      END
```

(3) 출력결과

```
     NO.        HEIGHT(cm)

      1            175.5
      2            168.5
      3            173.0
      4            165.0
      5            172.5
      6            182.0
      7            159.0
      8            163.5
      9            172.0
     10            180.5

    SUM           1711.5
    NUM             10
  AVERAGE          171.1
```

[5] 소수 구하는 방법

예 제

6.4 소수 구하기

다음 조건에 따라 프로그램을 작성하시오.

(1) 100까지의 소수를 구하고 인쇄하시오. 단, 1행에 10개씩 인쇄할 것

(2) 100까지의 소수는 몇 개인지 계산하고 인쇄하시오.

(1) 사고방법

1) 소수 구하는 방법

소수는 1과 자신 이외에는 나누어지지 않는 자연수이다. 소수를 구하는 방법으로는 에라토스테네스의 체(Eratosthenes's Sieve)라고 하는 방법이 유명하다. 이 방법에 대해 설명하면 다음과 같다.

① 그림 6.6과 같이 2부터 100까지의 표(TABLE)를 작성한다.

② 2부터 시작하여 1개 간격으로 지운다. 즉, 2를 남기고 100까지의 2의 배수를 모두 지운다.

③ 3부터 시작하여 2개 간격으로 지운다. 즉 3을 남기고 100까지의 3의 배수를 모두 지운다.

④ 4부터 시작하여 3개 간격으로 지운다. 즉 4를 남기고 100까지의 4의 배수를 모두 지운다.

⋮ ⋮

똑같이 10까지, 즉 100의 제곱근까지 반복하면 모두 조사한 것이 되고, 결과적으로 소수만 남는다. 그림 6.6의 ○로 둘러싼 수가 소수이다. 프로그램에서는 배열 TABLE의 초기값을 모두 0으로 해서 두고, 지우면 1을 넣는다.

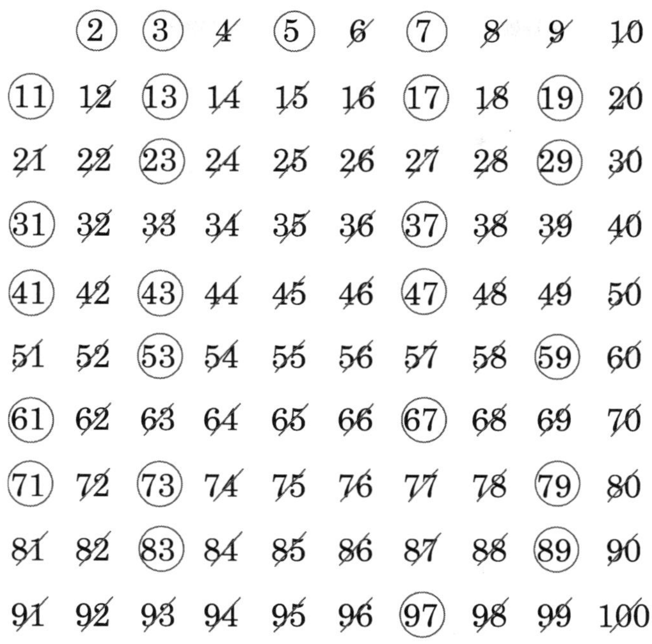

[그림 6.6]

2) 소수의 합계

소수의 합계 CNT는 TABLE 요소의 내용이 0인 것만을 찾아 계산하고, 배열 PNO의 요소에 소수를 순서대로 전송한다.

3) REAL문, INTEGER문

변수와 배열의 형태는 각각의 이름에서 첫 글자가 I, J, K, L, M, N이면 정수형, 이 외에는 실수형으로 정해지지만, 이름을 붙이는 방법에 많은 제한을 받는다.

더 자유롭게 이름을 붙이고, 형태도 자유롭게 결정된 쪽이 좋다. 그렇기 때문에 REAL문, INTEGER문이라는 형선언문이 있다. 변수 또는 배열을 REAL문은 실수형으로, INTEGER문은 정수형으로 사용하는 것을 선언한다.

[예 1]

```
INTEGER TABLE (2 : 100), PNO(100), CNT
```

이와 같이 선언하면 TABLE, PNO는 모두 정수형의 1차원 배열이 되고, CNT는 정수형 변수가 된다. TABLE (2 : 100)의 2는 치수선언자의 하한, 100은 상한으로 요소 (2)부터 (100)까지를 지정하는 것이 된다. 따라서 크기는 99이다. PNO(100)은 치수선언자의 하한과 :(콜론)이 생략되었다. 이 경우의 하한은 1이다.

4) DATA문

변수 또는 배열의 초기값을 설정하는 경우에 DATA문이 사용된다.

[예 2]

```
DATA TABLE, PNO, CNT/200*0/
```

이와 같은 데이터문을 쓰면, 1차원 배열 TABLE과 PNO의 모든 요소와 변수 CNT의 초기값을 0으로 설정할 수 있다.

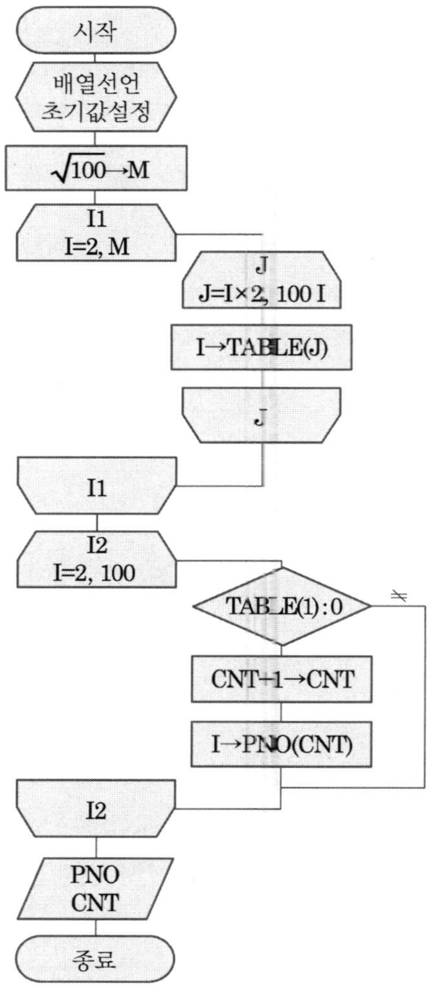

[그림 6.7] 흐름도

(2) 프로그램

```
C       EXAMPLE 6-4                              소수 구하기
C       100 MADE OF DECIMAL
        INTEGER TABLE(2:100),PNO(100),CNT,M,I,J
                                                 배열언선 및 형성언
        DATA    TABLE,PNO,CNT,200*0/
        M=SQRT(100.)
        DO 10 I=2,M
          DO 10 J=I*2,100,I
           TABLE(J)=1                   소수가 아니면 그 요소에 1을 놓는다.
   10   CONTINUE
        DO 20 I=2,100
          IF(TABLE(I) .EQ. 0)THEN       소수의 픽업. 즉, 테이블의 요소를
           CNT=CNT+1                    조사하고 0이면 소수이므로 카운트하여
           PNO(CNT)=I                   소수뿐인 배열 PNO에 순서대로 넣는다.
          END IF
   20   CONTINUE
        WRITE(6, 600)(PNO(I),I=1,CNT) 소수의 인쇄
        WRITE(6, 610)CNT                 소수의 총수를 인쇄
  600   FORMAT(' ','------------------ 소수 일람)
     &          '-------------------'//
     &         (' ',10I4))
  610   FORMAT('0','소수 합계  =',I8)
        END
```

(3) 출력결과

```
                    — 소수 일람 —
  2    3     5     7    11    13    17    19    23    29
 31   37    41    43    47    53    59    61    67    71
 73   79    83    89    97

 소수 합계 = 25
```

6.2 2차원 배열

[1] 2차원배열의 사고방법

1차원 배열을 확장시켜 세로, 가로에 평면적으로 나란히 놓은 것이 2차원 배열이다. 예를 들면, 보관함(코인락커)이나 영화관의 좌석과 같은 것이다. 행과 열을 지정하면 목적으로 하는 위치가 정해진다. 배열의 경우도 똑같이 행과 열의 첨자식을 주고, 목적의 요소를 참조할 수 있다.

[2] 배열의 선언

예 제

6.5 배열의 선언

배열명이 A인 2행 3열의 2차원배열을 선언하시오. 단, 배열의 형은 실수형으로 한다.

```
DIMENSION A (2, 3)
```

또는

```
REAL  A (2, 3)
```

이와 같이 프로그램의 첫머리(서두)에 선언하면 메모리상에는 그림 6.8과 같은 영역이 할당된다. 배열의 크기는 치수선언자 2와 3의 곱, 즉 6이다.

	제1열	제2열	제3열
제1행	A(1, 1)	A(1, 2)	A(1, 3)
제2행	A(2, 1)	A(2, 2)	A(2, 3)

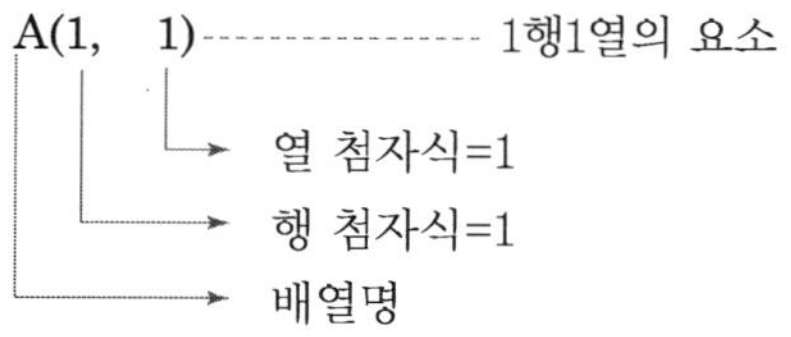

[그림 6.8] 2차원 배열

예 제

6.6 성적처리

그림 6.9와 같이 첫 번째 카드에는 데이터 건수, 계속해서 5명의 성적 데이터가 있다. 이 데이터 카드를 읽어 배열에 넣고, 개인합계, 개인평균, 과목합계, 과목평균을 계산하고, 그림 6.10의 출력 레이아웃과 같은 일람표를 인쇄하는 프로그램을 작성하시오.

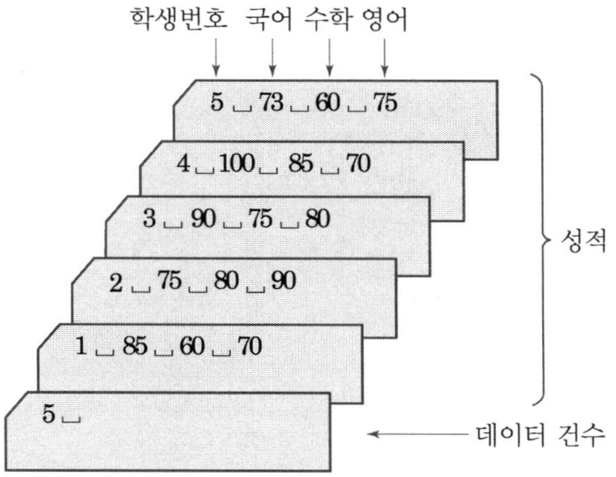

[그림 6.9]

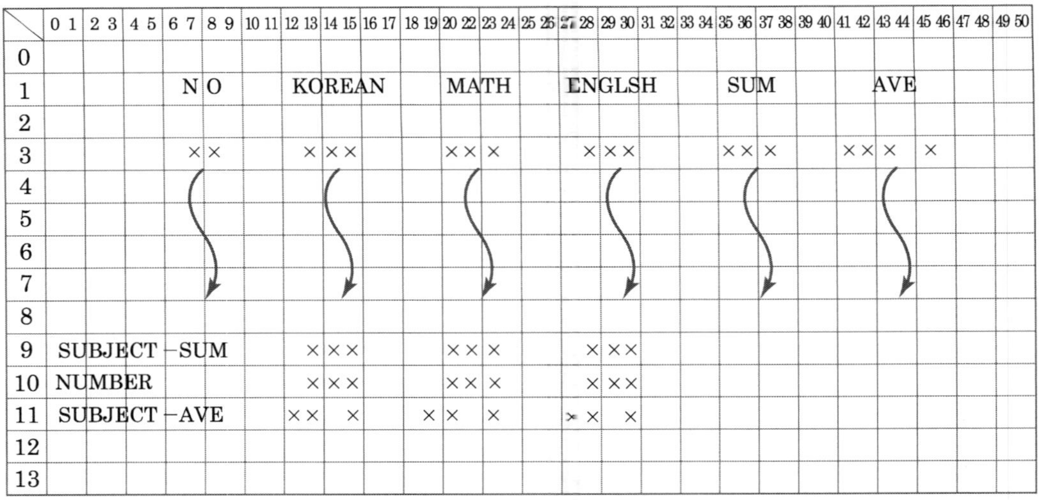

[그림 6.10] 출력 레이아웃

(1) 사고방법

① 5명의 3과목 성적을 넣은 2차원 배열 TEN(5, 3), 학생번호(NO), 개인합계(KSUM), 개인평균(AVE), 과목합계(KKSUM), 과목평균(AVE1)을 각각 넣은 1차원 배열 NO(5), KSUM(5), AVE(5), KKSUM(3), AVE1(3)으로 한다. 그리고 NO, TEN, KSUM, KKSUM는 정수형, AVE, AVE1은 실수형이라 한다.

② 개인합계는 2차원 배열 TEN의 가로 즉 행방향의 계산, 과목합계는 세로 즉 열방향의 계산이다. TEN의 행과 열의 첨자식의 값 변화는 그림 6.11과 같다.

③ 출력은 출력 레이아웃에 따라 형식지정자를 지정한다.

배열 TEN(I, J)

(1, 1)	(1, 2)	(1, 3)	과목 합계 계산 방향 ↓
(2, 1)	(2, 2)	(2, 3)	
(3, 1)	(3, 2)	(3, 3)	
(4, 1)	(4, 2)	(4, 3)	
(5, 1)	(5, 2)	(5, 3)	

개인합계의 계산방향 →

J=1에 대해, I=1,2,3,4,5
J=2에 대해, I=1,2,3,4,5
J=3에 대해, I=1,2,3,4,5

I=1에 대해, J=1,2,3
I=2에 대해, J=1,2,3
I=3에 대해, J=1,2,3
I=4에 대해, J=1,2,3
I=5에 대해, J=1,2,3

[그림 6.11] 행과 열의 첨자식의 값 변화

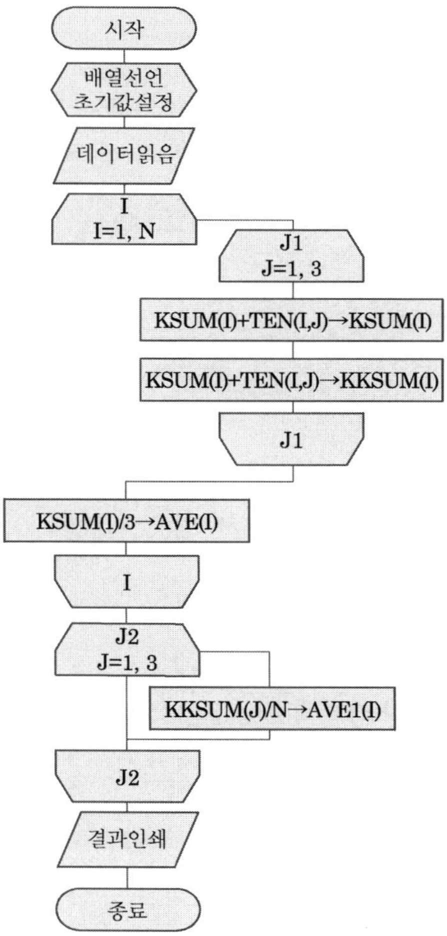

[그림 6.12] 흐름도

(2) 프로그램

```
C      EXAMPLE 6-6                              성적처리
       INTERGER NO(5),TEN(5,3),KSUM(5),KKSUM(3)
       REAL     AVE(5),AVE1(3)                  배열선언
       DATA     KSUM,KKSUM/8*0/                 초기값의 설정
       READ(5, *)N
       READ(5, 500)(NO(I),(TEN(I,J),J=1,3)I=1,N)
                                                데이터의 입력
   500 FORMAT(I1,3I3)
       DO 10 I=1,N
         DO 20 J=1,3
          KSUM(I)=KSUM(I)+TEN(I,J)              개인합계의 계산
          KKSUM(J)=KKKSUM(J)+TEN(I,J)
                                                과목합계의 계산
    20 CONTINUE
       AVE(I)=REAL(KSUM(I))/3                   개인 평균의 계산
    10 CONTINUE
       DO 30 J=1,3
         AVE1(J)=REAL(KKSUM(J))/N               과목평균의 계산
    30 CONTINUE
       WRITE(6, 610)(NO(I),TEN(I,J),J=1,3),KSUM(I),
                                                입력데이터,
     &           AVE(I),I=1,N)                  개인합계, 개인평균의 인쇄
       WRITE(6, 620)(KKSUM(J),J=1,3),N,N,N,(AVE1(J),J=1,3)
                                                과목합계,
   610 FORMAT('1'/'0',7X,'NO. KOREAN MATH ENGLISH SUM AVE'//
                                                사람수,
```

```
     &          (' ',7X,I2,4I7,F8.1))  과목평균의 인쇄
     620 FORMAT('0','SUBJECT SUM ',I5,2I7/' NUMBER',4X,3I7/
     &             ' SUBJECT AVERAGE',F6.1,2F7.1)
         END
```

(3) 출력결과

```
            NO.       KOREAN   MATH   ENGLISH   SUM   AVERAGE

             1          85      60      70      215     71.7
             2          75      80      90      245     81.7
             3          90      75      80      245     81.7
             4         100      85      70      255     85.0
             5          73      60      75      208     69.3

      SUBJECT-SUM      423     360     385
         NUMBER          5       5       5
      SUBJECT-AVE     84.6    72.0    77.0
```

예 제

6.7 행렬의 합

어느 상점의 4월과 5월의 텔레비전(TV)과 라디오(RD) 판매대수는 그림 6.13(a)와 같다. 행렬을 사용하여 4월과 5월의 TV와 라디오의 판매대수의 합계를 구하고, 데이터와 함께 인쇄하는 프로그램을 작성하시오. 단, 데이터 카드는 그림 6.13(b)와 같이 나란히 있는 것으로 한다.

	4 월		5 월	
	TV	RADIO	TV	RADIO
1형	50	40	30	25
2형	35	20	25	30

(a) 판매대수

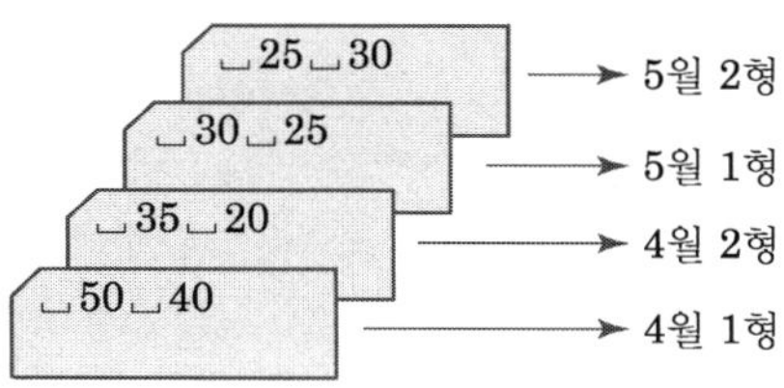

(b) 데이터 카드

[그림 6.13]

(1) 사고방법

4월과 5월의 판매대수를 각각 U4, U5로 해서 행렬로 나타내면,

$$U4 = \begin{pmatrix} 50 & 40 \\ 35 & 20 \end{pmatrix}$$

$$U5 = \begin{pmatrix} 30 & 25 \\ 25 & 30 \end{pmatrix}$$

가 된다. 이 합 UK는

$$UK = U4 + U5 = \begin{pmatrix} 50 & 40 \\ 35 & 20 \end{pmatrix} + \begin{pmatrix} 30 & 25 \\ 25 & 30 \end{pmatrix} = \begin{pmatrix} 50+30 & 40+25 \\ 35+25 & 20+30 \end{pmatrix} = \begin{pmatrix} 80 & 65 \\ 60 & 50 \end{pmatrix}$$

로 구할 수 있다. 즉, 행렬의 합은 2개의 행렬에 대응하는 요소끼리의 합을 구하는 것이다.

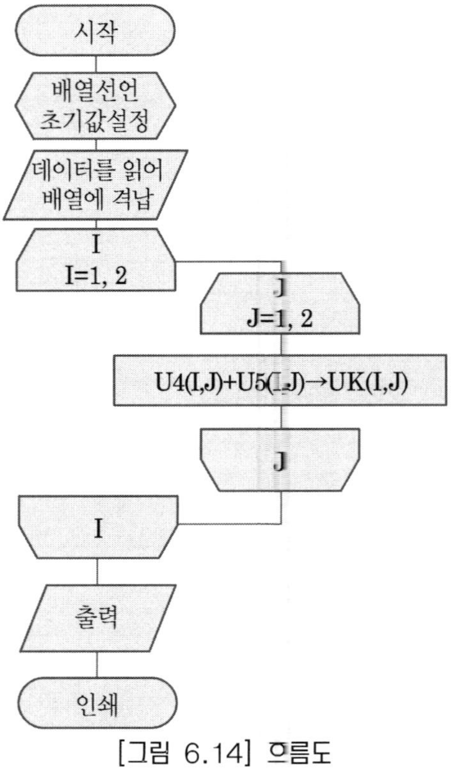

[그림 6.14] 흐름도

(2) 프로그램

```
C        EXAMPLE 6-7                              행렬의 합
         INTEGER U4(2,2),U5(2,2),UK(2,2),I,J
                                                  배열선언, 형선언
         DATA UK/4*0/                             초기값의 설정
         READ(5, *)((U4(I,J),J=1,2),I=1,2),
    &               ((U5(I,J),J=1,2),I=1,2)
                                                  데이터의 입력
         DO 10 I=1,2
           DO 10 J=1,2
            UK(I,J)=U4(I,J)+U5(I,J)               합의 계산
    10   CONTINUE
         WRITE(6, 600)((U4(I,J),J=1,2),
    &                   (U5(I,J),J=1,2),
    &                   (UK(I,J),J=1,2),I=1,2)
   600   FORMAT(' ',3X,'APRIL','9X,'MAY',
                                                  데이터와 결과의 인쇄
    &              9X,'SUM'//3(2I5,5X))
         END
```

(3) 출력결과

```
   APRIL         MAY          SUM
   50  40        30  25       80  65
   35  20        25  30       60  50
```

예 제

6.8 행렬의 곱

어느 전자상의 어떤 주 월요일과 화요일 텔레비전(TV), 워드프로세서(WP), 컴퓨터(PC)의 판매수량은 그림 6.15(a)와 같다. 또한 제품의 단가와 이익은 (b)와 같다. 판매 데이터 (c)를 입력하여 각 요일의 판매합계와 이익의 합계를 각각 구하고 출력하는 프로그램을 작성하시오.

판매수량			
	TV	WP	PC
월	2	3	1
화	3	5	2

(a)

단가와 이익		
	단가(만원)	이익(만원)
TV	7	2
WP	10	3
PC	30	5

(b)

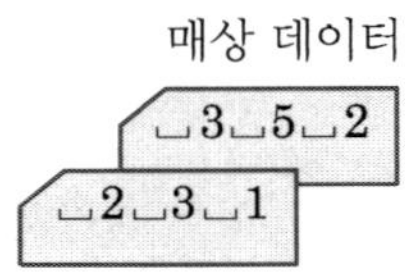

(c)

[그림 6.15]

(1) 사고방법

1일 판매합계는 제품마다 판매수량과 단가의 곱의 합이고, 이익의 합계는 제품마다 판매수량과 이익의 곱의 합이다.

지금 판매수량, 단가와 이익, 판매와 이익의 합계의 행렬을 각각 U, T, KEI로 두면, KEI는 U× T로 구할 수 있다.

즉,

$$U=\begin{pmatrix} 2 & 3 & 2 \\ 3 & 5 & 2 \end{pmatrix},\ T=\begin{pmatrix} 7 & 2 \\ 10 & 3 \\ 30 & 5 \end{pmatrix}$$

$$KEI= U\times T=\begin{pmatrix} 2 & 3 & 1 \\ 3 & 5 & 2 \end{pmatrix}\times\begin{pmatrix} 7 & 2 \\ 10 & 3 \\ 30 & 5 \end{pmatrix}$$

$$=\begin{pmatrix} 2\times7+3\times10+1\times30 & 2\times2+3\times3+1\times5 \\ 3\times7+5\times10+2\times30 & 3\times2+5\times3+2\times5 \end{pmatrix}=\begin{pmatrix} 74 & 18 \\ 131 & 31 \end{pmatrix}$$

이 결과를 정리하면 표 6.2와 같다.

[표 6.2]

	판매합계(만원)	이익합계(만원)
월	74	18
화	131	31

여기서 주의할 것은 그림 6.16과 같이 2행 3열의 행렬과 3행 2열의 행렬의 곱은 2행 2열의 행렬이 된다는 것이다. 일반적으로 i행 j열의 행렬과 j행 k열 행렬의 곱은 i행 k열이 된다.

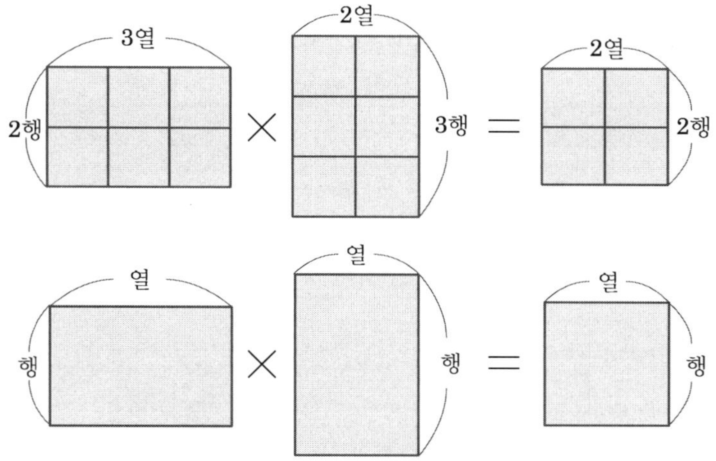

[그림 6.16] 행렬의 곱

다음으로 행렬의 곱에서 규칙성을 조사하기위해 곱의 연산을 다음과 같이 나타내어 보았다.

$$\begin{pmatrix} U_{11} & U_{12} & U_{13} \\ U_{21} & U_{22} & U_{23} \end{pmatrix} \times \begin{pmatrix} T_{11} & T_{12} \\ T_{21} & T_{22} \\ T_{31} & T_{32} \end{pmatrix}$$

$$= \begin{pmatrix} U_{11}\times T_{11} + U_{12}\times T_{21} + U_{13}\times T_{31} & U_{11}\times T_{12} + U_{12}\times T_{22} + U_{13}\times T_{32} \\ U_{21}\times T_{11} + U_{22}\times T_{21} + U_{23}\times T_{31} & U_{21}\times T_{12} + U_{22}\times T_{22} + U_{23}\times T_{32} \end{pmatrix}$$

$$= \begin{pmatrix} KEI_{11} & KEI_{12} \\ KEI_{21} & KEI_{22} \end{pmatrix}$$

이 식에서 KEI 각 요소의 값은 $U_{ij}\times K_{jk}$의 합이다. 이 첨자의 변화를 정리하면

표 6.3과 같다. 이 표에서 첨자 i, j, k 변화의 규칙성은 다음과 같다.

① KEI_{11}, KEI_{12}에 대하여

i가 1일 때, k는 1, 2, j는 1, 2, 3으로 변화한다.

② KEI_{21}, KEI_{22}에 대하여

i가 2일 때, k는 1, 2, j는 1, 2, 3으로 변화한다.

[표 6.3] 행렬의 곱에서 첨자의 변화

KEI_{11}				KEI_{12}			
U_{ij}		T_{jk}		U_{ij}		T_{jk}	
i	j	j	k	i	j	j	k
1	1	1	1	1	1	1	2
1	2	2	1	1	2	2	2
1	3	3	1	1	3	3	2
KEI_{21}				KEI_{22}			
U_{ij}		T_{jk}		U_{ij}		T_{jk}	
2	1	1	1	2	1	1	2
2	2	2	1	2	2	2	2
2	3	3	1	2	3	3	2

이러한 행렬의 곱의 연산을 하는 부분의 흐름도는 그림 6.17과 같다.

이 예제의 전체의 흐름도는 생략하지만, 프로그램을 보고서도 쉽게 이해할 수 있을 것이다.

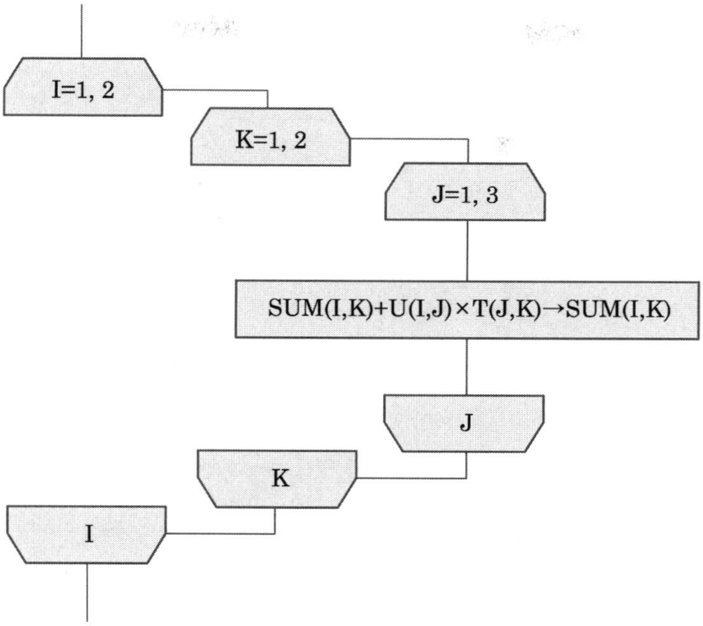

[그림 6.17] 행렬의 곱을 구하는 부분의 흐름도

(2) 프로그램

```
C       EXAMPLE 6-8                      행렬의 곱
        INTEGER U(2,3),T(3,2),SUM(2,3),I,J,K 배열선언, 형선언
        DATA    T/7,10,30,2,3,5/,SUM/6*0/    초기값 설정
        READ(5, *)((U(I,J),J=1,3),I=1,2)     데이터 입력
        DO 10 I=1,2
          DO 10 K=1,2
           DO 10 J=1,3
            SUM(I,K)=SUM(I,K)+U(I,J)*T(J,K)  행렬의 계산
    10  CONTINUE
        WRITE(6,600)((U(I,J),J=1,3),I=1,2),((T(I,J),J=
        1,2),I=1,3),
     &                  ((SUM(I,J),J=1,2),I=1,2)
   600  FORMAT(' ','(1) INPUT DATA'//
```

```
                 ' ',5X,'--CLOSE SALE--'/
     &           ' ',11X,'TV   WP   PC'/
     &           ' ',4X,'MON ',3I5/
     &           ' ',4X,'TUE ',3I5//
     &           ' ',8X,'PROFIT OF A UNIT COAST'/
     &           ' ',4X,'TV',2I6/
     &           ' ',4X,'WP',2I6/          데이터와 결과의 인쇄
     &           ' ',4X,'PC',2I6//
     &           ' ','(2) RESULT'//
     &           ' ',10X,'SALE SUM   PROFIT SUM'/
     &           ' ',4X,'MON ',2I10/
     &           ' ',4X,'TUE ',2I10)
           END
```

(3) 출력결과

```
(1) INPUT DATA

       --CLOSE SALE--
            TV    WP    PC
    MON     2     3     1
    TUE     3     5     2

    PROFIT OF A UNIT COAST
      TV        7         2
      WP       10         3
      PC       30         5

(2) RESULT

    SALE SUM   PROFIT SUM
      MON        74        18
      TUE       131        31
```

6.3 문자형 배열

취급하는 데이터는 수치뿐만이 아니라 문자도 있다. 문자형 데이터를 넣어두는 변수 또는 배열은 프로그램의 첫머리 부분에서 CHARACTER문으로 선언한다.

문자형 변수에 대해서는 이미 p.67에서 배웠으므로, 여기에서는 문자형 배열에 대해 배우기로 한다.

[예 1]

```
CHARACTER  C(3)*5
```

C는 길이 5 크기가 3인 문자형 1차원 배열로서 선언된다. 이것은,

```
CHARACTER *5  C(3)
```

로 써도 동일하다. 2차원 배열도 동일하게 선언할 수 있다.

문자형의 배열요소의 일부분을 나타내는 경우에는 문자부분열을 사용한다.

[예 2]

```
CHARACTER *5  AST (2)
AST(1) (2:4) = '***'
```

이와 같이 프로그램을 작성하면 문자형 1차원배열 AST의 요소(1)에는 그림 6.18(a)와 같이 2문자(항)부터 4문자(항)까지 문자 *를 넣을 수 있다. (2:4)의 2와 4를 문자위치식이라 하며 정수식을 지정할 수 있다.

[예 3]

```
CHARACTER  PLS (2, 2)*3
PLS(2, 1) (2:2)  ='+'
```

이와 같이 프로그램을 작성하면 결과적으로 2차원 문자형 배열 PLS의 요소 (2, 1)의 2문자(항)에 +가 그림 6.18(b)와 같이 넣을 수 있다.

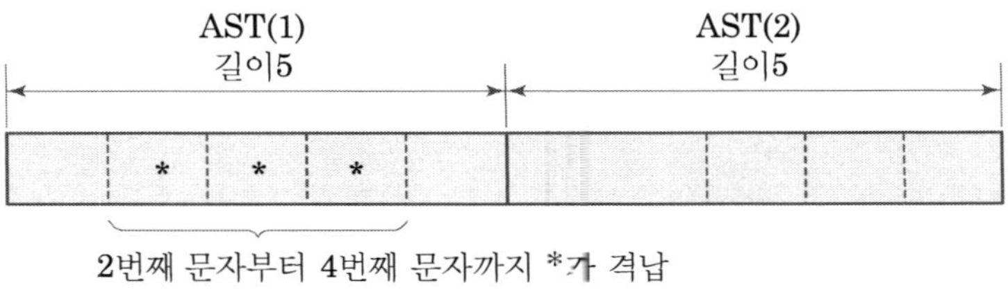

(a) 1차원 문자형 배열

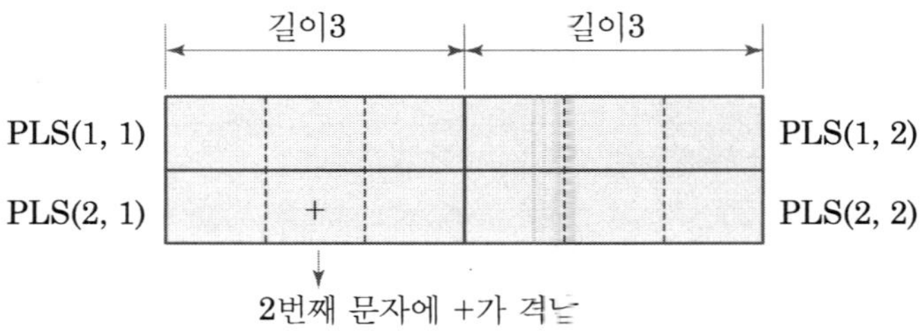

(b) 2차원 문자형 배열

[그림 6.18] 문자형 배열

예 제

6.9 문자의 빈도

1장의 카드에 최대 80자의 영문이 천공되어 있다. 이 카드를 읽고 알파벳의 빈도를 계산하고, 그 도수만 asterisk(*)로 인쇄하는 히스토그램을 만드는 프로그램을 작성하시오. 데이터로서 다음의 영문을 이용하는 것으로 한다.

In the beginning was the Word, and the Word was with God, and the Word was God. He was with God in the beginning. Through him all things were made; without him nothing was made that has been made. In him was life, and that life was the light of men. The light shines in the darkness, but the darkness has not understood it.

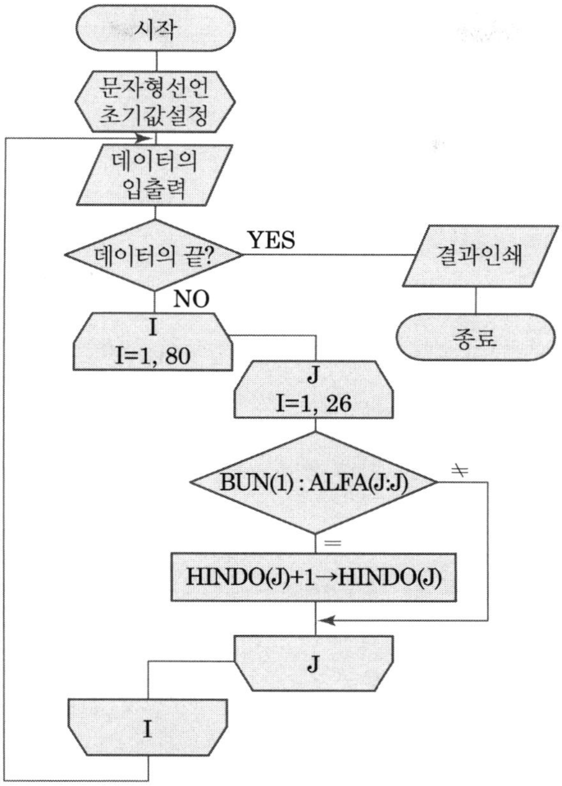

[그림 6.19] 흐름도

(1) **프로그램**

```
C       EXAMPLE 6-9                          문자의 빈도수
        CHARACTER ALFA*26,BUN(80)*1          문자형 배열의 선언
        INTEGER   BINDO(26),I,J,K            배열선언, 형선언
      DATA       ALFA/'ABCDEFGHIJKLMNOPQRSTUVWXYZ'/
                                             ALFA의 초기값으로서
      DATA       BINDO/26*0/  빈도의 초기값을 0으로 소거 알파벳을 설정
      WRITE(6, *)'------ INPUT DATA ------'
                                             표제의 인쇄
  100 READ(5,500,END=90)BUN                  데이터를 읽고 문자형배열 BUN
                                             에 데이터를 넣음
```

```
      WRITE(6, *)BUN                          읽은 데이터를 그대로 인쇄
  500 FORMAT(80A1)
    DO 10 I=1,80              문에서 1문자씩을 알파벳과 비교하여 일치하면
      DO 10 J=1,26                            그 문자에 대응하는 빈도의
        IF(BUN(I).EQ.ALFA(J:J))BINDO(J)=BINDO(J)+1
                                              카운트에 1을 더한다.
 10 CONTINUE                          1장의 카드80자에 대해서 전부 실행한다.
      GO TO 100
  90  WRITE(6, 600)
 600FORMAT(/'0','----- CHARACTER COUNT -----')
                                              표제의 인쇄
      DO 20 I=1,26
        WRITE(6,610)ALFA(I:I),BINDO(I),('*',K=1,BINDO(I))
 20 CONTINUE                          A~Z까지의 문자의 빈도와 히스토그램의 인쇄
  610 FORMAT(' ',A1,'   I',50A1)
      END
```

(2) 출력결과

```
-- INPUT DATA --
IN THE BEGINNING WAS THE WORD, AND THE WORD WAS
WITH GOD, AND THE WORD WAS GOD. HE WAS WITH GOD IN
THE BEGINNING. THROUGH HIM ALL THINGS WERE MADE;
WITHOUT HIM NOTHING WAS MADE THAT HAS BEEN MADE.
IN HIM WAS LIFE, AND THAT LIFE WAS THE LIGHT OF MEN.
THE LIGHT SHINES IN THE DARKNESS, BUT THE DARKNESS
HAS NOT UNDERSTOOD IT.
```

```
-- CHARACTER COUNT --
  A   20   I ********************
  B    4   I ****
  C    0   I
  D   16   I ****************
  E   26   I ************************************
  F    3   I ***
  G   12   I ************
  H   27   I ***************************
  I   22   I **********************
  J    0   I
  K    2   I **
  L    6   I ******
  M    7   I *******
  N   23   I ***********************
  O   13   I *************
  P    0   I
  Q    0   I
  R    8   I ********
  S   17   I *****************
  T   26   I **************************
  U    4   I ****
  V    0   I
  W   14   I **************
  X    0   I
  Y    0   I
  Z    0   I
```

(3) 사고방법

① 카드를 1장 읽으면 문자형 1차원 배열에 넣고, 한 글자씩 알파벳 26문자와 비교하여 일치하면 문자의 계산에 1을 더한다. 입력 데이터 모두에 대해서 이 처리를 실행하여 결과를 인쇄한다.

② 데이터 카드의 종료를 검출하고 처리의 흐름을 바꿀 때 READ문의 제어정보로서 파일종료지정자를 부가한다.

[예]

READ (5, 500, END=90) BUN

END=90이 파일종료지정자로 데이터 카드가 종료하면 문번호가 90인 문으로 실행이 옮겨진다.

예 제

6.10 sin 곡선 그리기

각을 0°에서 360°까지 10°씩 변화시킬 때 sin그래프를 그리게 하는 프로그램을 작성하시오. 출력 레이아웃은 그림 6.20을 참고하시오.

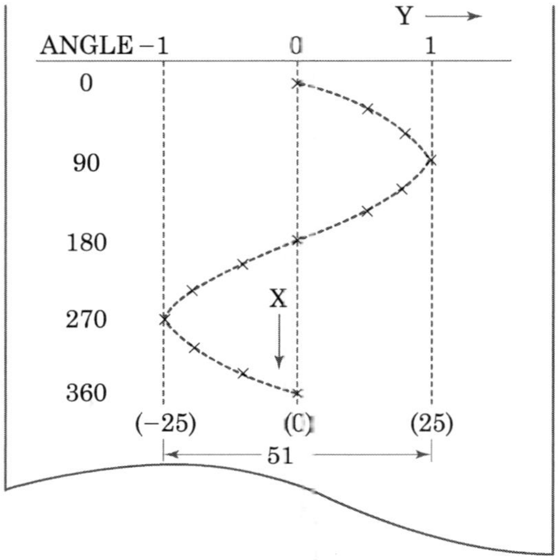

[그림 6.20] 출력 레이아웃

(1) 사고방법

sin x는 −1에서 +1 사이의 값으로 한다. 이 −1과 +1에 대응하여 출력의 편집 영역으로서 문자형 1차원 배열 P(−25:25)를 준비한다. sin x의 값에 대해 *를 플롯(기입)하는 위치를 구하는 방법은, 예를 들면 다음과 같이 구할 수 있다.

① $x = 0°$ 인 경우, $Y = \sin 0° \times 25 = 0$ 이므로, P(0)에 *을 전송한다.

② $x = 90°$ 인 경우, $Y = \sin 90° \times 25 = 25$ 이므로, P(25)에 *을 전송한다.

③ $x = 270°$ 인 경우, $Y = \sin 270° \times 25 = -25$ 이므로, P(−25)에 *을 전송한다.

이와 같이 x의 값에 대해 출력의 편집을 하고 인쇄하면 sin곡선을 그릴 수 있다.

단, 1행의 인쇄를 할 때마다 편집영역을 지울 필요가 있다. 흐름도는 그림 6.21과 같다.

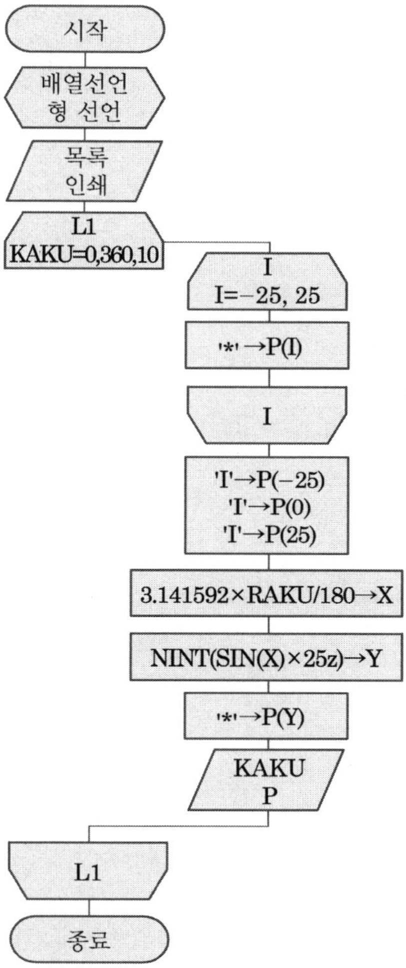

[그림 6.21] 흐름도

(2) **프로그램**

```
C       EXAMPLE 6-10  SINE WAVE
        INTEGER   Y,ANGLE,I              형선언
        REAL      X
        CHARACTER P(-25:25)*1            문자형 배열의 선언,
```

```
      WRITE(6,600)('-',I=1,60)       P는 편집영역으로서 사용한다.
  600 FORMAT(' ','ANGLE  -1',24X,    표제의 인쇄
 &              '0',24X,'1'/' ',60A1)
      DO 10 ANGLE=0,360,10
        DO 20 I=25,25
          P(I)=' '                    편집영역의 소거
   20 CONTINUE
      P(-25)='I'
    P(0)='I'                   세로선의 마크로서 I를 편집영역으로 전송
      P(25)='I'
      X=3.141592*ANGLE/180          각도에 대한 sin의 값을 구한다.
      Y=NINT(SIN(X)*25)              그것에 대응하는 편집영역에
      P(Y)='*'                       *를 전송한다.
      WRITE(6,610)ANGLE,P            1행분의 편집영역의 인쇄
   10 CONTONUE
  610 FORMAT(' ',I4,3X,51A1)         각도를 0도에서 10도씩
      END                            360도까지 반복한다.
```

(3) 출력결과

```
ANGLE  -1                        0                        1
---------------------------------------------------------------
    0   I                        *                        I
   10   I                        I   *                    I
   20   I                        I        *               I
   30   I                        I           *            I
   40   I                        I               *        I
   50   I                        I                  *     I
   60   I                        I                     *  I
   70   I                        I                      * I
   80   I                        I                        *
   90   I                        I                        *
  100   I                        I                        *
  110   I                        I                      * I
  120   I                        I                     *  I
  130   I                        I                  *     I
  140   I                        I               *        I
  150   I                        I            *           I
  160   I                        I        *               I
  170   I                        I   *                    I
  180   I                        *                        I
  190   I                    *   I                        I
  200   I               *        I                        I
  210   I            *           I                        I
  220   I        *               I                        I
  230   I     *                  I                        I
  240   I  *                     I                        I
  250   I *                      I                        I
  260   *                        I                        I
  270   *                        I                        I
  280   *                        I                        I
  290   I *                      I                        I
  300   I  *                     I                        I
  310   I     *                  I                        I
  320   I        *               I                        I
  330   I           *            I                        I
  340   I               *        I                        I
  350   I                    *   I                        I
  360   I                        *                        I
```

6.4 문법의 정리

[1] 배열의 선언

1) DIMENSION문

DIMENSION $a(d[, d]\cdots)$

[ ]안은 필요에 따라 선택할 수 있는 것을 나타낸다.

a는 배열명, d는 치수선언자, d의 개수를 배열의 차원수라 하며, 7차원까지

허용된다.(기본수준은 3차원까지). $a(d[, d])$를 배열선언자라 한다.

① 배열명은 6문자 이내의 영숫자, 선두의 문자는 영문자

- 정수형 : 선두가 I, J, K, L, M, N인 배열
- 실수형 : 선두가 I, J, K, L, M, N 이외의 배열

또한, 형선언문을 이용하면 자유롭게 형태를 지정할 수 있다.

② 치수선언자 [d_1:] d_2

d_1에는 치수의 하한, d_2에는 치수의 상한을 지정한다. d_1이 1일 때는 d_2만으로도 좋다. $d_2 - d_1 + 1$을 치수의 크기라 한다.

d_1, d_2를 치수 한계식이라 하고, 그 값은 양수, 음수 또는 0의 어느 쪽이어도 좋다. 단, 치수의 상한 값은 하한 값 이상이어야 한다. 또한 기본수준의 경우 치수의 하한은 1이다.

2) INTERGER문, REAL문

INTERGER $a(d[, d])$

REAL $a(d[, d])$

배열선언자에 대해서는 앞에서 기술하였다.

[2] 문자형의 선언

CHARACTER [* *len*[,]] *nam* [, *nam*] ···

*nam*은 다음의 어느 쪽이다.

① *v*[* *len*]

② *a*[(*d*)] [* *len*]

여기서,

*v*는 변수명이다.

*a*는 배열명이다.

a(*d*)는 배열선언자이다.

*len*은 문자변수 또는 문자배열요소의 길이(문자의 개수)로, 이것을 길이지정이라 한다. 0이 아닌 부호가 없는 정의 정수로 한다.

[3] 문자부분열

문자부분열은 부분열명으로 식별하고, 문자형 데이터의 값이 할당되거나 인용된다. 부분열명은 다음의 형식으로 되어있다.

① $v([e_1]:[e_2])$

② $a(s[,s]\cdots)([e_1]:[e_2])$

여기서,

v는 문자변수명이다.

$a(s[,s]\cdots)([e_1]:[e_2])$는 문자배열요소명이다.

e_1, e_2는 각각 정수식으로서 문자위치식이라 한다. e_1의 값은 부분열의 좌단의 문자위치를 지정하고, e_2 값은 부분열의 우단의 문자위치를 지정한다.

[4] DATA문

DATA문은 초기값을 설정하기위해 사용된다. 쓰는 장소는 선언문의 뒤쪽이라면 어디라도 좋지만 프로그램의 선두부분 쪽이 알기 쉽다.

DATA $l_1/d_1/$, $l_2/d_2/\cdots$, $l_n/d_n/$

- l_i는 변수명을 콤마로 단락을 지어 늘어놓은 것
- d_i는 다음 것을 콤마로 단락을 지어 늘어놓은 것

c

$r*c$

여기서, c는 정수로, r은 0이 아닌 부호가 없는 정의 정수이다. $r*c$는 정수 c가 r회 연속하여 나타난 것과 같다.

[예]

```
DATA  PAI, I/3.14, 2/
```

이것은 PAI에 3.14, I에 2의 초기값을 부여한다.

연습문제

1. 실수형으로 크기가 100, 200, 300인 1차원 배열 A, B, C를 선언하시오.
2. 정수형으로 50행 10열의 2차원 배열 X와 실수형으로 크기가 100인 1차원 배열 Y를 선언하시오.
3. 다음은 9행 9열의 2차원 배열 KUKU(정수형)의 각 요소에 구구법(구구단)을 계산하여 그 값을 넣는 프로그램이다. ( )를 채워서 프로그램을 완성하시오.

```
      (                          ), I, J
      DO  10 (              )
          DO  10 (              )
              KUKU(I, J) = (          )
   10 CONTINUE
```

4. $S = a_1 \cdot b_1 + a_2 \cdot b_2 + \cdots\cdots + a_n \cdot b_n$을 구하고 인쇄하는 프로그램을 작성하시오. 단, n은 200으로 하고, 배열 a, b의 각 요소에는 이미 데이터가 들어있는 것으로 한다.
5. 어느 고등학교의 전교생 개개인의 학년과 신장[cm]을 데이터로 읽고, 신장의 학년마다의 평균값을 구하고, 인쇄하는 프로그램을 작성하시오. 단, 데이터 건수는 불분명하다.
6. 크기 30인 배열 N의 각 요소에 다음의 피보나치수를 넣고, 인쇄하는 프로그램을 작성하시오.

   0, 1, 1, 2, 3, 4, 8, 13, ……
7. 크기 10인 배열 ROOT의 각 요소에 $\sqrt{10.0}$, $\sqrt{10.1}$, $\cdots\sqrt{10.9}$의 값을 구하고, 인쇄하는 프로그램을 작성하시오.
8. 10진수를 카드에서 읽고, 2진수로 변환하여 인쇄하는 프로그램을 작성하시오. 단, 2진수는 16비트로 한다.
9. 16비트의 2진수를 카드에서 읽고, 16진수로 변환하여 인쇄하는 프로그램을 작성하시오.
10. 그림 6.22와 같은 양식의 신체검사 데이터를 입력하고, 다음의 통계 계산처리를 한 결과를 인쇄하는 프로그램을 작성하시오. 단, 데이터 건수는 불분명하지만 100이하로 한다.
    - 신장, 체중, 가슴둘레의 합계, 사람수, 평균값, 최대값, 최소값을 구한다.
    - 신장, 체중, 가슴둘레의 각 표준편차를 구한다.
    - 신장과 체중의 상관함수를 구한다.
    - 신장과 가슴둘레의 상관함수를 구한다.
    - 체중과 가슴둘레의 상관함수를 구한다.

또한, 표준편차 σ, 상관함수 r은 다음 식으로 주어진다.

$$\sigma = \sqrt{\frac{1}{n}\sum_{i=1}^{n}(x_i - \bar{x})^2}$$

단, n은 데이터 수

x_i는 데이터 값

$\bar{x}$는 평균값

$$r = \frac{\sum_{i=1}^{n}(x_i - \bar{x})(y_i - \bar{y})}{n\sigma_x\sigma_y}$$

단, n은 데이터 수

x_i, y_i는 x, y의 데이터 값

σ_x, σ_y는 x, y의 표준편차

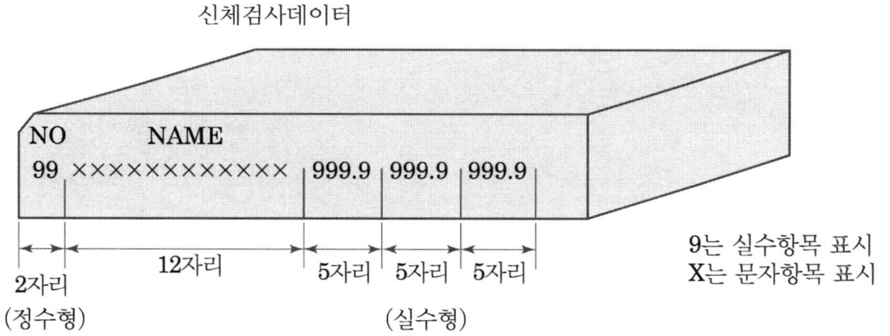

[그림 6.22]

Chapter 7

부프로그램(Subroutine)의 사용방법

지금까지 배운 여러 가지 명령문을 사용하면 대부분의 프로그램을 작성할 수 있다. 그러나 큰 프로그램을 작성할 때는 부 프로그램을 사용하면 프로그램을 간소화하여 알기 쉽게 할 수 있다. 이 장에서는 부프로그램의 사용방법에 대해서 배운다.

7.1 주프로그램과 부프로그램

지금까지 작성한 프로그램은 수십행 정도의 간단한 것이었지만, 실제로 사용되는 프로그램에는 수백행부터 수천행이나 되는 것도 있다. 이런 경우에는 그림 7.1(a)와 같이 1개의 프로그램으로 하지 않고, 그림 7.1(b)와 같이 몇 개의 프로그램으로 분할하여 작성하고, 특히 분할된 프로그램을 인용하고 하나로 모아 처리하는 중심이 되는 프로그램을 작성한다. 이것은 제조공업이 관련공장에서 만든 부품을 모아 모(母)회사에서 조립하여 제품을 완성하는 것과 비슷하다. 분할된 프로그램을 부프로그램, 중심이 되는 프로그램을 주프로그램이라 한다.

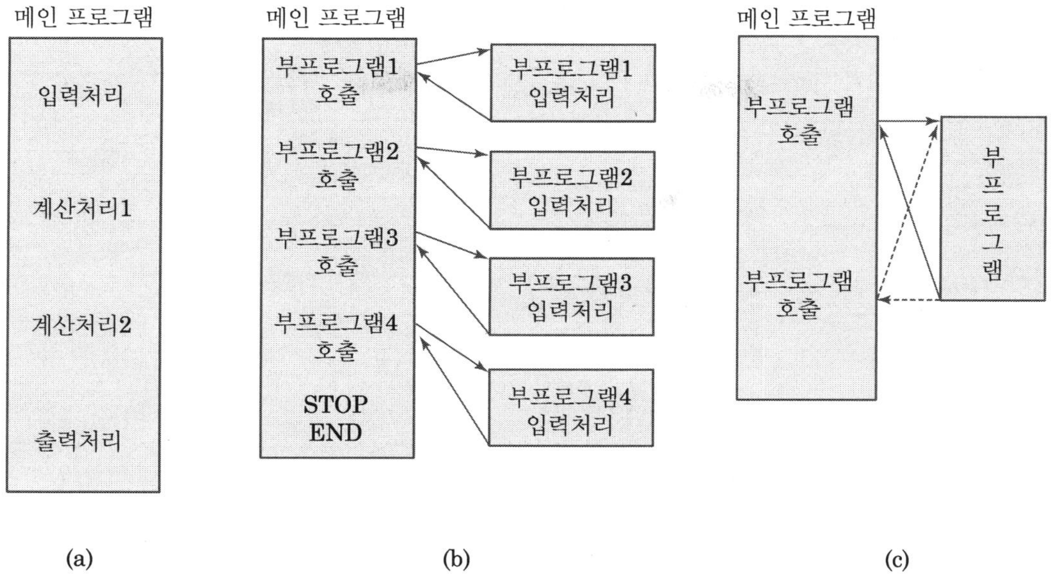

[그림 7.1] 주프로그램과 부프로그램

각 프로그램마다 코딩 · 디버그 · 프로그램 테스트를 하여 완성한 프로그램을 조합한 것이므로 효율적으로 프로그램 개발을 할 수 있다. 부프로그램은 그 자체가 하나의 프로그램을 구성하지만 단독으로는 실행할 수 없으며, 주프로그램 또는 다른 부프로그램으로부터 불리는 것에 따라 비로소 실행할 수 있다. 또한 프로그램 중에 동일한 처리절차를 여러번 실행하는 것이 있다. 이럴 때 반복하여 실행되는 처리절차를 부프로그램으로 만들어 두고, 그림 7.1(c)와 같이 필요할 때 인용하도록 하면 편리하다.

특히, 일반적으로 사용빈도가 높은 프로그램을 부프로그램으로서 자기디스크 등의 외부기억장치에 넣어두고, 누구든지 사용할 수 있도록 한 것을 프로그램 라이브러리라 하고, 수치계산과 통계계산 등 다양한 프로그램이 준비되어 있다. 이것은 주프로그램을 작성하는 것만으로 사용할 수 있게 되어 있다.

부프로그램은 그 구성과 사용방법에 따라 다음의 4가지로 분류된다.

① 내장 함수

② 문함수

③ 함수 부프로그램

④ 서브루틴 부프로그램(서브루틴이라 약칭함)

①과 ②에 대해서는 제4장에서 배웠으므로 여기에서는 서브루틴과 함수 부프로그램에 대해서 배운다.

7.2 함수 부프로그램의 사용방법

[1] 함수 부프로그램의 작성방법

1) 함수 부프로그램의 정의

다음의 프로그램은 함수 부프로그램을 이용한 프로그램의 예이다.

메인프로그램	함수부프로그램
READ (5,*) A, B, C	FUNCTION AREA(X, Y, Z)
S=AREA(A, B, C)	P=(A+B+C)/2.
WRITE(6.1)A,B,C,S	AREA=SQRT(P*(P-A)*(P-B)*(P-C))
1 FORMAT(1H , 4F10.1)	RETURN
END	END

주프로그램 중에 함수 부프로그램을 인용하여 사용하기위해서는 FUNCTION문으로 함수 부프로그램을 정의할 필요가 있다.

FUNCTION AREA (X, Y, Z)

함수명 가인수

위의 예에서는 AREA라는 함수명의 함수가 정의 된다.

함수명은 변수명과 같은 영자로 시작되는 6문자 이내의 영숫자로 붙여지고, 선두의 영자가 I, J, K, L, M, N일 때는 함수의 형은 정수형, 그 이외는 실수형이 된다. 함수명 뒤에는 주프로그램과의 데이터 교환에 필요한 가인수를 순서대로 괄호 로 묶어서 정의한다. 이 경우에는 X, Y, Z 3개의 가인수가 정의되어 있다. 가인수에는 변수 또는 배열이 이용된다.

2) 함수의 정의

함수 값은 다음과 같이 함수 부프로그램 중의 산술대입문으로 결정된다.

AREA=SQRT(P*(P-X)*(P-Y)*(P-Z))

우변의 산술식의 연산결과가 함수 AREA의 값이 된다.

3) 함수 부프로그램의 종료

함수 부프로그램에 있어서 모든 처리가 완료되었을 때 RETURN문으로 종료시키고, 주프로그램으로 되돌아간다. 또한 함수 부프로그램도 하나의 독립된 프로그램이므로 맨 마지막에 END문이 필요하다.

[2] 함수 부프로그램의 인용

함수 부프로그램은 주프로그램 중에 산술대입문과 IF문의 괄호 안의 산술식의 일부로서 사용된다. 즉, 산술식 중에 함수명과 필요한 개수의 실인수를 순서대로 괄호로 묶어서 쓴다. 실인수에는 정수, 변수, 배열, 배열요소, 산술식이 이용된다.

S=AREA (A, B, C)

실인수

로 쓰면, 함수 부프로그램의 FUNCTION문의 가인수와 이것을 인용하는 문의 실인수와는 다음과 같이 대응한다.

FUNCTION AREA (X, Y, Z)

S=AREA (A, B, C)

즉, 가인수와 실인수는 기입된 순서대로 대응하기 때문에 그 개수가 같고, 대응하는 인수끼리의 형이 같아야한다. 이것에 의하여 그림 7.2와 같이 주프로그램의 실인수 A, B, C에 들어있는 데이터가 함수 부프로그램의 가인수 X, Y, Z에 넘겨져, 함수 부프로그램에 의해 계산된다.

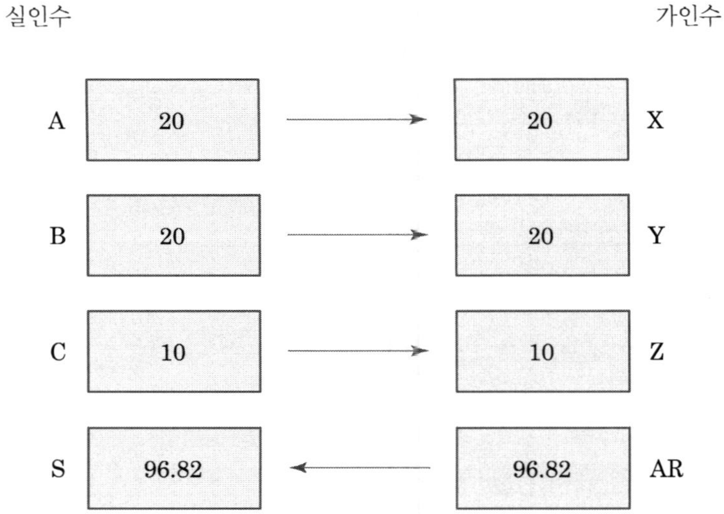

[그림 7.2] 가인수와 실인수

그리고 그 결과는 함수명 AREA에 넣어져 주프로그램으로 되돌아가고, 변수 S에 전송되는 것이다.

또한 가인수와 실인수을 대응 시킬 때 다음 규칙을 지켜야한다.

① 가인수가 배열명일 때는 실인수도 배열명으로 하고, 그 차원, 치수를 같게 한다. 그리고 주프로그램 및 함수 부프로그램 모두 배열선언을 한다.

② 가인수가 변수명일 때는 실인수에는 정수, 변수명, 배열요소명, 계산식을 사용한다.

③ 가인수와 실인수에 대응하는 변수명과 배열명은 같아도, 달라도 좋다.

예 제

7.1 계산처리

수 n, r을 읽고 다음 식의 값을 계산하는 프로그램을 작성하시오.

$n \times (n-1) \times \cdots\cdots \times (n-r+1)$

또한 계산처리는 함수 부프로그램으로 하시오.

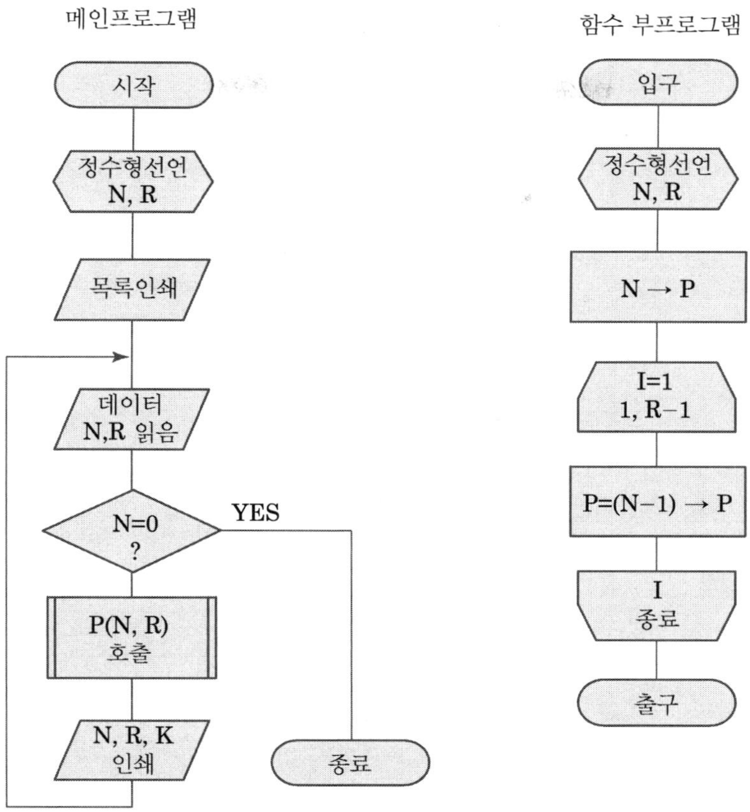

[그림 7.3] 흐름도

(1) 프로그램

```
C       EXAMPLE 7-1                          계산처리
C       MAIN PROGRAM
        INTEGER N,R
        WRITE(6,100)
    100 FORMAT(5X,'N',4X,'R',4X,'CALCULATION RESULT'/)
     10 READ(5, *)N,R
        IF(N.EQ.0)STOP
        K=P(N,R)
        WRITE(6,200)N,R,K
```

```
      200 FORMAT(1H ,2I5,I10)
          GO TO 10
          END

C         FUNCTION SUBPROGRAM
          FUNCTION P(N,R)
          INTEGER N,R
          P=N
          DO 10 I=1,R-1
            P=P*(N-I)
       10 CONTINUE
          RETURN
          END
```

(2) 출력결과

N	R	CLACULATION RESULT
5	3	60
6	5	720
4	3	24

응용문제 1 함수 부프로그램을 사용하여 다음 식을 계산하는 프로그램을 작성하시오.

$$S=\frac{1}{1+(x-h)^2}+\frac{2}{1+(x)^2}+\frac{1}{1+(x+h)^2}$$

7.3 서브루틴

[1] 서브루틴의 작성방법

1) 서브루틴의 정의

서브루틴을 만들 때는 그 프로그램이 서브루틴인 것을 정의할 필요가 있다. 이 때문에 사용되는 문이 SUBROUTINE이다.

SUBROUTINE CALCULATION (X, Y)

서브루틴명 가인수

위의 예에서는 CALCULATION이라는 이름의 서브루틴이 정의된다. 서브루틴명을 붙이는 방법은 변수명이 붙은 쪽과 동일하지만 형에 주의할 필요는 없다. 서브루틴명 뒤에는 주프로그램과의 사이에 데이터의 교환에 필요한 가인수를 순서대로 괄호로 묶어서 기입한다. 가인수는 변수명 또는 배열명으로 한다.

2) 서브루틴의 처리순서

서브루틴 중에는 가인수 및 그 밖의 변수, 정수를 이용하고, 보통의 프로그램과 동일하게 처리순서가 기억된다. 그러나 서브루틴은 단독으로는 실행되지 않고, 주프로그램에 인용되어 가인수에 실제로 데이터가 넘겨져 비로소 실행된다.

3) 서브루틴의 종료

서브루틴에 있어서 처리가 모두 종료한 경우에는 RETURN에 의해 주프로그램으로 되돌아간다. 또한 서브루틴도 독립된 하나의 프로그램 단위이므로 맨 마지막에 END문이 필요하다.

정리하면, 서브루틴의 일반형은 다음과 같다.

SUBROUTINE 서브루틴명 (a_1, a_2, $\cdots$, a_3)

⋮

RETURN

⋮

END

[2] 서브루틴의 인용

부프로그램에서 서브루틴을 인용하여 처리할 때는 다음과 같이 CALL문을 이용하여 서브루틴을 불러낸다.

메인프로그램	서브루틴
READ (5,*) A, B, C CALL CALCUATION (A, B) CALL CALCUATION (B, C) CALL CALCUATION (C, A) END	SOBROUTINE CALCUATION (X, Y) S=X*Y/2 WRITE(6,100) X, Y, S 100 FORMAT(1H , 3F10.2) RETURN END

즉,

CALL CALCUATION (A, B)

서브루틴명 실인수

에 의해, 서브루틴 CALCUATION이 호출되고, 처리 흐름은 주프로그램에서 서브루틴으로 이동한다. CALL문 다음에 호출하는 서브루틴명을 쓰고, 이어서 필요한 개수의 실인수를 순서대로 괄호로 묶어서 쓴다. 이 때 주프로그램의 실인수 A, B와 서브루틴의 가인수 X, Y는 그림 7.4(a)와 같이 기입된 순서대로 대응된다. 주프로그램에서 실인수 A, B에 들어있는 데이터는 그대로 서브루틴의 가인수 X, Y에 넘긴다.

서브루틴에서는 주프로그램에서 넘어온 데이터에 의해 계산을 하고, 계산결과를 출력한다.

서브루틴의 처리가 완료되고 RETURN문이 실행되면 가인수 X, Y의 내용은 실인수 A, B,에 인도되어 처리 흐름도 주프로그램으로 되돌아간다. 그리고 주프로그램의 다음 행의 문이 실행된다. 실인수에는 정수, 변수명, 배열명, 배열요소명 및 산술식이 이용된다.

또한 주프로그램과 서브루틴을 다음과 같이 하면,

주프로그램 CALL CALCUATION (A, B, S)

서브루틴 SUBROUTINE CALCUATION (X, Y, S)

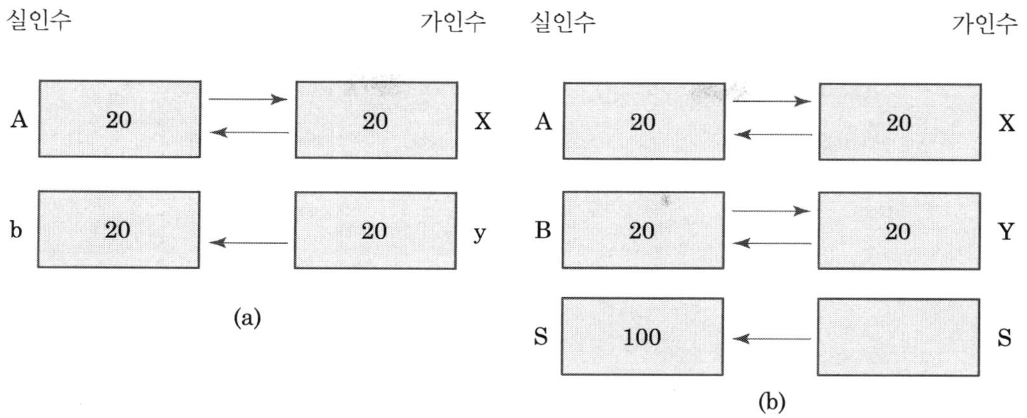

[그림 7.4] 실인수와 가인수

그림 7.4(b)와 같이 실인수와 가인수가 대응하고 주프로그램에서 서브루틴으로 데이터를 넘겨주어, 서브루틴에서의 계산결과를 되돌릴 수 있다.

예 제

7.2 오각형의 면적

그림과 같은 오각형의 각 변과 2개의 대각선 길이 A, B, C, D, E, F, G를 읽고, 오각형의 면적을 구하는 프로그램을 작성하시오. 오각형을 그림과 같이 3개의 삼각형으로 나누고, 각 삼각형의 면적을 헤론의 공식을 이용하여 구하고 그 합을 구한다.

삼각형의 세변을 a, b, c라 하면 면적 S는 헤론의 공식에 의해 다음과 같이 구할 수 있다.

$$p=\frac{1}{2}(a+b+c)$$

$$S=\sqrt{(p(p-a)(p-b)(p-c))}$$

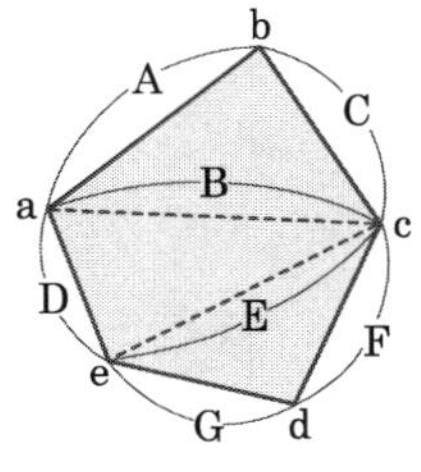

(1) 사고방법

오각형 abcde를 3개의 삼각형 △abc, △ace, △ade로 나누고, 각각을 헤론의 공식으로 계산한다. 여기서 삼각형의 면적을 3회 계산하므로 계산처리를 서브루틴에서 한다.

(2) 프로그램

```
C       EXAMPLE 7-2 5                          오각형의 면적
C       MAIN PROGRAM
        READ(5, *)A,B,C,D,E,F,G
        CALL AREA(A,B,C,S1)
        CALL AREA(B,D,E,S2)
        CALL AREA(E,F,G,S3)
        S=S1+S2+S3
        WRITE(6,200)S
    200 FORMAT('오각형의 면적 : ',F10.2)
        END

C       SUBROUTINE SUBPROGRAM
        SUBROUTINE AREA(X,Y,Z,SW)
        P=(X+Y+Z)/2.
        SW=SQRT(P*(P-X)*(P-Y)*(P-Z))
        RETURN
        END
```

(3) 출력결과

```
오각형의 면적 : 2090.04
```

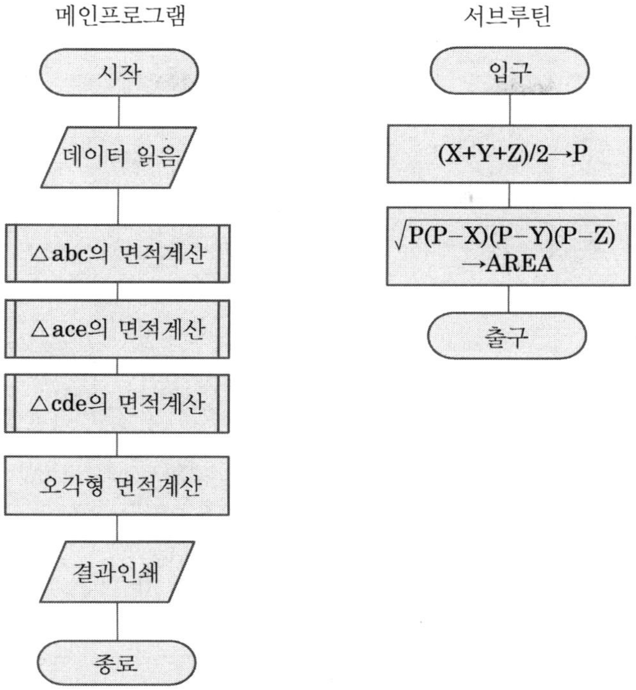

[그림 7.5] 흐름도

> **예 제**
>
> **7.3 신장의 평균, 최대·최소값**
>
> N명의 학생의 신장 데이터를 읽고 평균값, 최대값 및 최소값을 구하는 프로그램을 작성하시오.

이 프로그램은 큰 프로그램을 몇 개의 정리된 처리단위의 서브루틴으로 나누어 작성하는 경우의 예이다. 이 예에서는 데이터를 읽고, 평균값의 계산, 최소값과 최대값 및 결과의 출력을 각각 1개의 서브루틴에 분할해둔다.

(1) 프로그램

```
C       EXAMPLE 7-3                     신장의 평균/최대/최소값
C       MAIN PROGRAM
        DIMENSION S(100)
```

```
      CALL AREAD(S,N)
      CALL AVER(S,N,AVE)
      CALL MINMAX(S,N,SMIN,SMAX)
      CALL PRINTS(S,N,AVE,SMIN,SMAX)
      STOP
      END

C     SUBPROGRAM-1
      SUBROUTINE AREAD(S,N)
      DIMENSION S(100)
      READ(5, *)N
      DO 10 I=1,N
        READ(5, *)S(I)
   10 CONTINUE
      RETURN
      END

C     SUBPROGRAM-2
      SUBROUTINE AVER(S,N,AVE)
      DIMENSION S(100)
      G=0.
      DO 10 I=1,N
        G=G+S(I)
   10 CONTINUE
      AVE=G/FLOAT(N)
      RETURN
      END
```

```
C       SUBPROGRAM-3
        SUBROUTINE MINMAX(S,N,SMIN,SMAX)
        DIMENSION S(100)
        SMIN=1000.
        SMAX=0.
        DO 10 I=1,N
          IF(S(I).LT.SMIN)SMIN=S(I)
          IF(S(I).GT.SMAX)SMAX=S(I)
   10   CONTINUE
        RETURN
        END

C       SUBPROGRAM-4
        SUBROUTINE PRINTS(S,N,AVE,SMIN,SMAX)
        DIMENSION S(100)
        DO 10 I=1,N
        WRITE(6,100)S(I)
  100   FORMAT(1H ,10X,F8.1)
   10   CONTINUE
        WRITE(6,200)AVE
  200   FORMAT(1H0,'평균 신장',F8.1)
        WRITE(6,300)SMIN
  300   FORMAT(1H0,'최저 신장',F8.1)
        WRITE(6,400)SMAX
  400   FORMAT(1H0,'최고 신장',F8.1)
        RETURN
        END
```

(2) 출력결과

```
            169.4
            154.3
            178.5
            166.7
            167.6

평균 신장     167.3

최저 신장     154.3

최고 신장     178.5
```

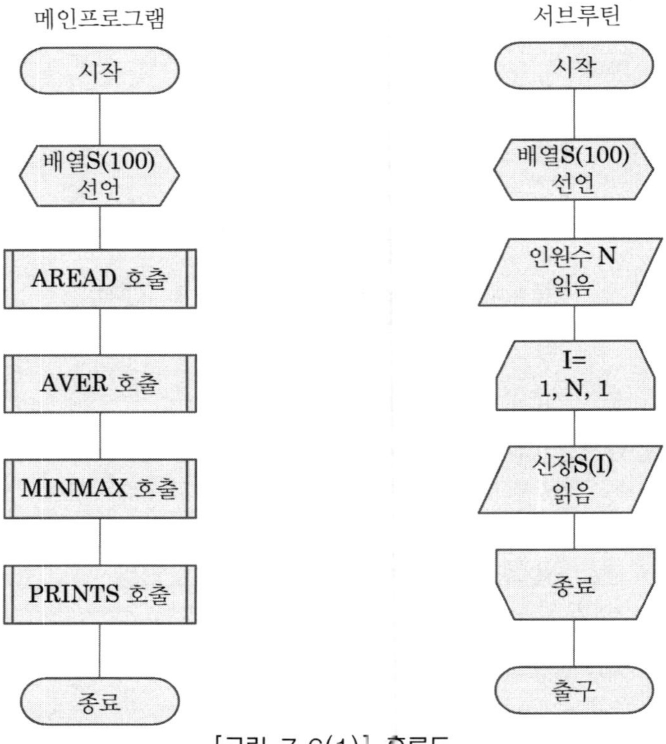

[그림 7.6(1)] 흐름도

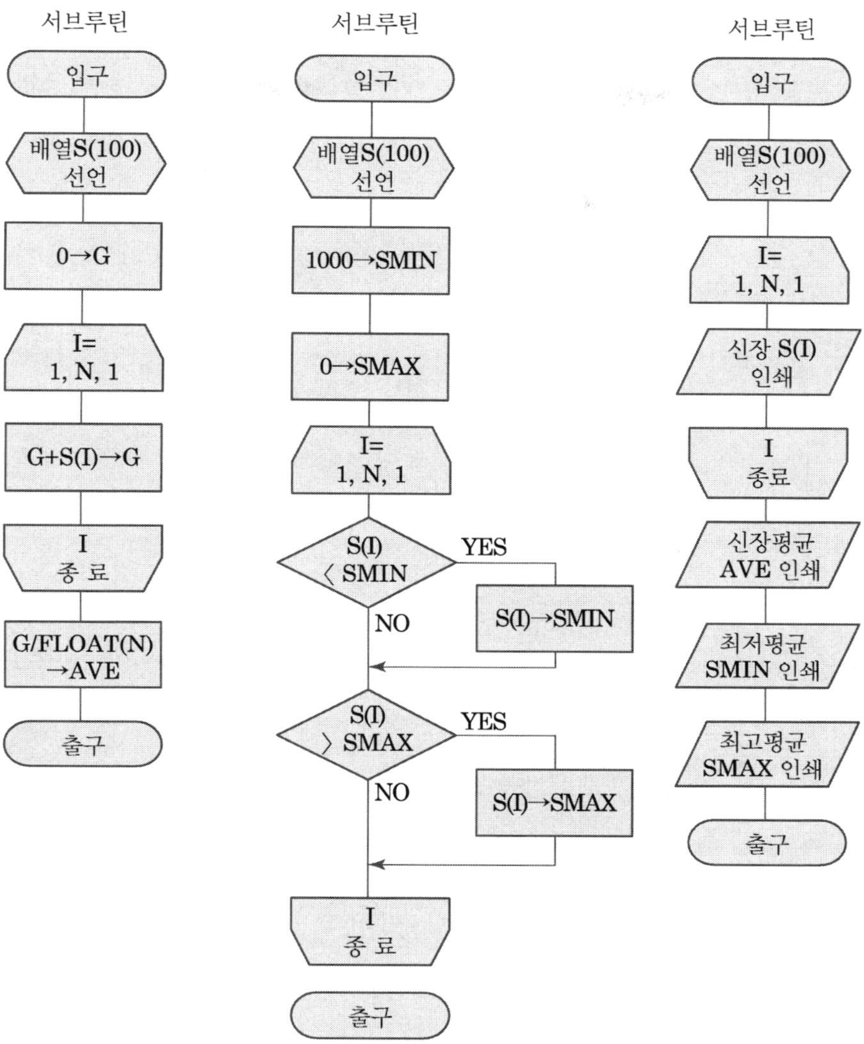

[그림 7.6(2)] 흐름도

7.4 공통영역을 이용한 서브루틴

[1] 공통영역

일반적으로 변수명과 배열명은 1개의 프로그램단위 중에만 통용되는 것이므로 프로그램 단위가 다르면, 예를 들면 같은 변수명과 배열명에도 다른 기억장소가 취해진다. 따라서 다른 프로그램 단위의 변수와 배열 간에 데이터의 교환을 하기위해 앞의 프로그램에서는 인수를 이용한 것이다. 주프로그램과 서브루틴에 다음과 같이 기억시키면 그림 7.7과 같이 주프로그램의 배열 S, 변수 A와 서브루틴의 배열 S와 변수 X는 같은 기억장소가 취해진다.

메인프로그램

```
DIMENSION S(3)
COMMAN S, A
CALL CALCULATION
≀
END
```

서브루틴

```
SOBROUTINE CALCULATION
DIMENSION S(3)
COMMAN S, X
≀
RETURN
END
```

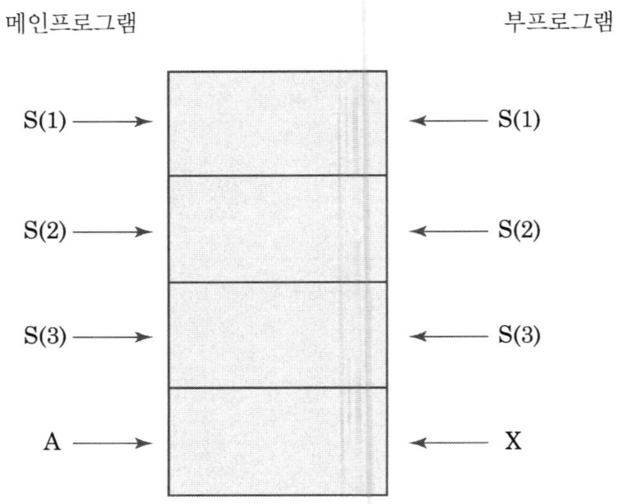

[그림 7.7] 공통영역

[2] COMMON문의 사용방법

COMMON문의 일반형은 다음과 같다.

COMMON v_1, $v_2, \cdots, v_n$

여기서 v_1, $v_2, \cdots, v_n$은 배열명 또는 변수명이다. 이 문에 의해 v_1, $v_2, \cdots, v_n$의 순서로 주프로그램과 서브루틴에 공통의 기억장소가 취해진다. 따라서 주프로그램과 서브루틴에 대응하는 배열의 형과 치수, 변수의 형은 같으며, 그 개수도 같아야한다.

표 7.1은 COMMON문의 사용방법에 대한 예이다.

[표 7.1]

메인프로그램	서브루틴	
COMMON A, B, C	COMMON A, B, Z	O.K.
DIMENSION A(3) COMMON A, B	DIMENSION X(3) COMMON X, B	O.K.
DIMENSION A(5) COMMON A	DIMENSION X(3) COMMON X	Error
COMMON I, J, K	COMMON X, Y, Z	Error

예 제

7.4 순위매김

수험번호와 필기시험의 점수(100점 만점)를 읽고, 순위를 매겨 수험번호, 순위를 인쇄하는 프로그램을 작성하시오. 또한 0~19점을 1, 20~39점을 2, 40~59점을 3, 60~79점을 4, 80~100점을 5로 하고, 수험자의 수는 50명 이하로 한다.

(1) 프로그램

```
C     EXAMPLE 7-4                  순위매김
C     MAIN PROGRAM
      COMMON NO,SCORE,RANK,N
      INTEGER NO(50),SCORE(50),RANK(50)
      CALL AREAD
      CALL CALCULATION
      CALL PRINTS
```

```
      STOP
      END

C     SUBPROGRAM-1
      SUBROUTINE AREAD
      COMMON NO,SCORE,RANK,N
      INTEGER NO(50),SCORE(50),RANK(50)
      N=0
      DO 10 I=1,50
        READ(5, *)NO(I),SCORE(I)
        IF(NO(I).EQ.0) GO TO 20
        N=N+1
   10 CONTINUE
   20 RETURN
      END

C     SUBPROGRAM-2
      SUBROUTINE CALCULATION
      COMMON NO,SCORE,RANK,N
      INTEGER NO(50),SCORE(50),RANK(50)
      DO 10 I=1,N
        IF(SCORE(I).EQ.100)THEN
         RANK(I)=5
        ELSE
         RANK(I)=INT(SCORE(I)/20)+1
        END IF
   10 CONTINUE
```

```
      RETURN
      END

C     SUBPROGRAM-3
      SUBROUTINE PRINTS
      COMMON NO,SCORE,RANK,N
      INTEGER NO(50),SCORE(50),RANK(50)
      WRITE(6,200)
  200 FORMAT(1H1,4X,'***   성적표   ***'/1H0,
     -' 번호',6X,점수',7X,'순위'/)
      DO 10 I=1,N
        WRITE(6,210)NO(I),SCORE(I),RANK(I)
  210   FORMAT(' ',I6,2I10)
   10 CONTINUE
      RETURN
      END
```

(2) 출력결과

성적표

번호	점수	순위
1101	48	3
1102	60	4
1103	70	4
1104	0	1
1105	10	1
1106	20	2
1107	21	2
1108	81	5
1109	99	5
1110	100	5

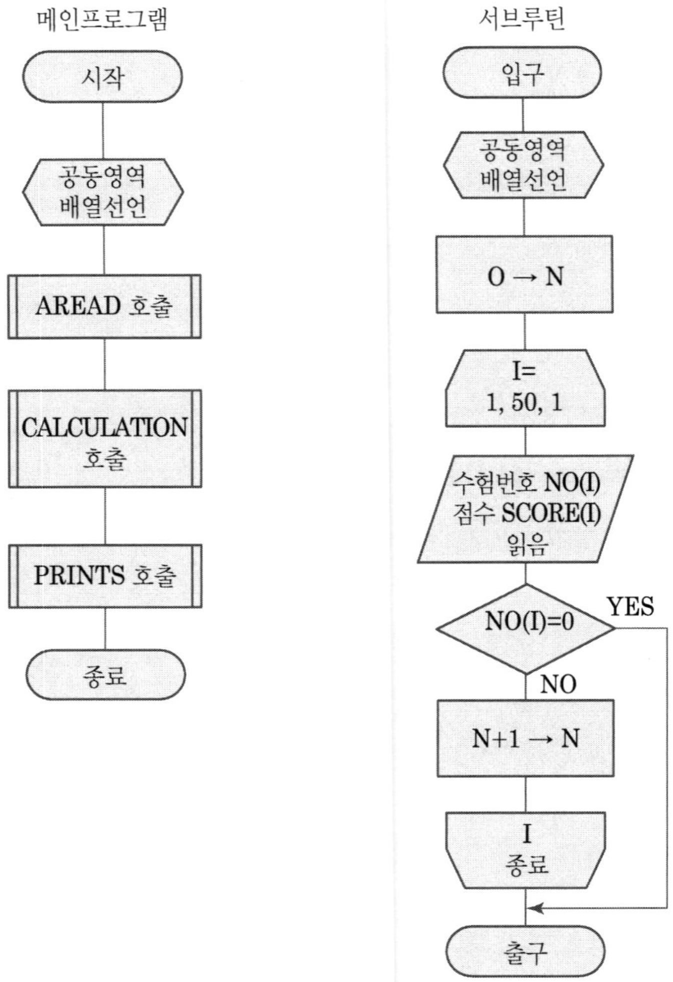
메인프로그램
시작
공동영역
배열선언
AREAD 호출
CALCULATION
호출
PRINTS 호출
종료
서브루틴
입구
공동영역
배열선언
0 → N
I=
1, 50, 1
수험번호 NO(I)
점수 SCORE(I)
읽음
NO(I)=0
YES
NO
N+1 → N
I
종료
출구

[그림 7.8] 흐름도 (1)

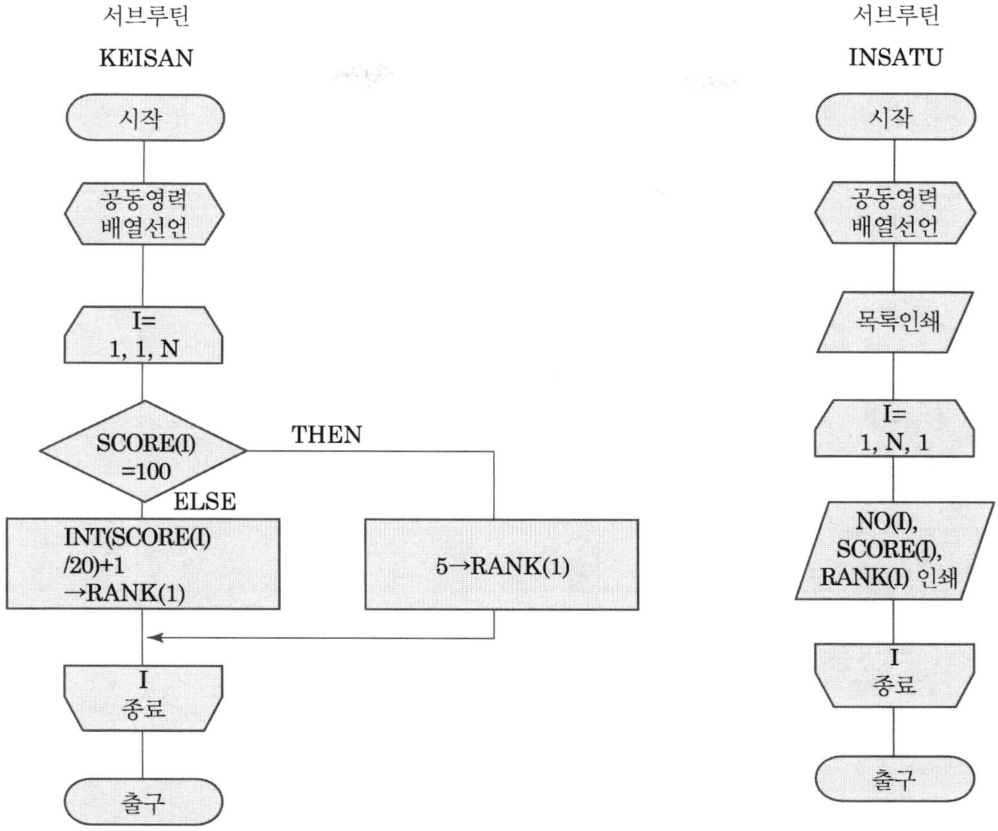

[그림 7.8] 흐름도 (2)

(3) 사고방법

데이터의 읽기, 순위매김, 인쇄를 각각 서브루틴이라 한다. 0부터 100점까지의 101개의 점수를 20점 간격으로 순위를 붙인다. 20점 간격으로 순위가 1개씩 증가하기 때문에, 점수를 20으로 나누어 소수점이하를 버리고 1을 더하면 순위가 얻어진다. 그러나 이 계산법에서 100점일 때는 순위가 6이 되므로 이것은 예외처리를 하여 5로 한다.

연습문제

1. n을 읽고 $n!$ (n의 계승)을 계산하여 인쇄하는 프로그램을 작성하시오. 또한 $n!$을 계산하는 부분은 서브루틴이라 한다. 단, $n! = 1\times 2\times 3\times \cdots \times (n-1)\times n$

2. n개에서 r개를 꺼내어 조합한 수를 구하는 프로그램을 작성하시오. n개에서 r개 꺼내어 조합한 수 nCr은 다음 식으로 주어진다.

$$nCr = \frac{n!}{r!\times(n-r)!}$$

여기서, 계승의 계산 부분은 서브루틴으로 한다.

3. 함수 $F(x, y) = x^2 + 2xy + y^2$에서, $S = F(a_1, b_1) - F(a_2, b_2)$의 값을 구하는 프로그램을 함수 부프로그램을 이용하여 작성하시오.

4. 다음 식을 계산하는 프로그램을 작성하시오.

$$\frac{b_0 + b_{1x} + \cdots + b_m x^m}{a_0 + a_1 x + \cdots + a_n x^n}$$

(1) 식의 분모, 분자의 차수 및 계수를 읽는다.

(2) x는 X1에서 D씩 X2까지 변화시켜 x의 값과 구한 식의 값을 인쇄한다. X1, X2, D는 데이터로서 읽는 것으로 한다.

(3) 다항식 $a_n x^n + a_{n-1} x^{n-1} + a_{n-2} x^{n-2} + a_1 x + a_0$의 값은 다음과 같이 구한다.

$(\cdots((a_n x + a_{n-1})x + a_{n-2})x + \cdots - a_1)x + a_0$

또한, D>0, X1<X2, 1≤m≤10 1≤n≤10으로 한다.

Chapter 8

응용프로그램

8.1 수치적분

[1] 사다리꼴 공식에 의한 수치적분의 계산

예 제

8.1 사다리꼴 공식

사다리꼴 공식을 이용하여 다음 정적분을 구하는 프로그램을 작성하시오.

$$S=\int_0^1 \frac{dx}{1+x}$$

(1) 사고방법

주어진 함수 $f(x)$를 구간 $[a, b]$에 대해서 적분할 때 그림 8.1과 같이 함수 $f(x)$를 n등분하고, 각 구간의 곡선을 직선으로 근사시켜, n개의 사다리꼴을 만든다. n개의 사다리꼴 면적을 $S_1, S_2, \cdots, S_n$이라 하면, 전체면적 S는 근사적으로

$$S=S_1+S_2+\cdots+S_n \tag{8.1}$$

로 된다. 여기서, n등분한 소구간의 폭 h는

$$h=\frac{b-a}{n} \tag{8.2}$$

로 되므로, 각 사다리꼴의 면적은

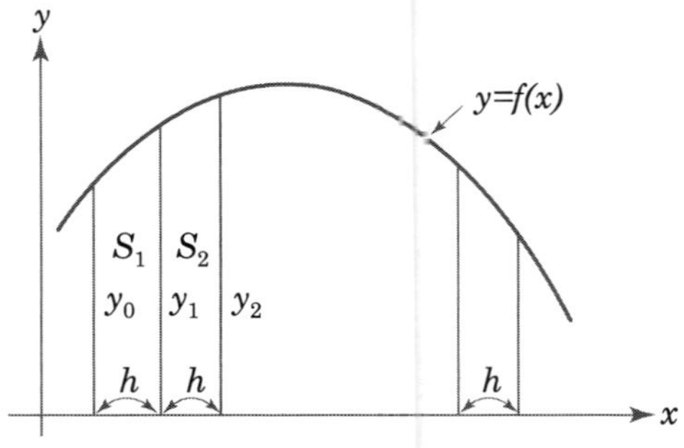

[그림 8.1] 사다리꼴 공식

$$S_1=\frac{h}{2}(y_0+y_1)$$

$$S_2=\frac{h}{2}(y_1+y_2)$$

$$\vdots$$

$$S_n=\frac{h}{2}(y_{n-1}+y_n)$$

로 된다. 따라서 전체면적은,

$$\begin{aligned} S &= S_1+S_2+\cdots+S_n \\ &=\frac{h}{2}\{(y_0+y_1)+(y_1+y_2)+\cdots+(y_{n-1}+y_n)\} \\ &=\frac{h}{2}\{y_0+y_n+2(y_1+y_2+\cdots+y_{n-1})\} \\ &=\frac{h}{2}[\{f(x_0)+f(x_n)+2f(x_1)+f(x_2)+\cdots+f(x_{n-1})\}] \end{aligned} \tag{8.3}$$

으로 된다. 이 공식을 사다리꼴 공식이라 한다.

(2) 프로그램

```
C       EXAMPLE 8-1                    사다리꼴공식
         F(X)=1/(1+X)
         READ(5, *)X0,XN,N
        H=(XN-X0)/FLOAT(N)
        X=X0+H
        S=0.0
        DO 10 I=1,N-1
          S=S+F(X)
          X=X+H
   10   CONTINUE
        S=H*(F(X0)+F(XN)+2.0*S)/2.0
        WRITE(6,100)S
  100   FORMAT(1H0,'INTEGRAL=',E15.7)
        END
```

(3) 출력결과

```
INTEGRAL = 0.6933034E+00
```

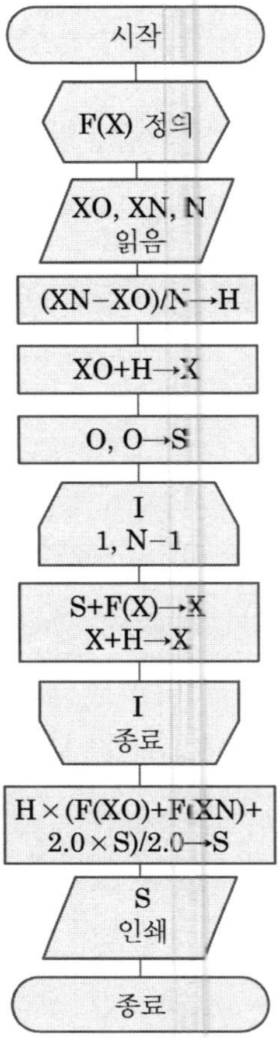

[그림 8.2] 흐름도

[2] 심프슨 공식에 의한 수치적분의 계산

예 제

8.2 심프슨 공식

심프슨 공식을 이용하여 예제 8.1의 정적분을 구하는 프로그램을 작성하시오.

(1) 사고방법

사다리꼴 공식에서는 각 분점을 직선으로 근사시켰지만, 심프슨 공식은 그림

8.3과 같이 어떤 함수곡선의 각 분점의 세 점($P_0P_1P_2$, $P_2P_3P_4$, $P_{n-2}P_{n-1}P_n$) 을 통과하는 2차 곡선으로 근사시키는 방법이다.

그림 8.3과 같이 정적분하는 함수 $f(x)$를 구간 [a, b]에 대해서 n등분하고(n은 짝수), 각 세 점을 통과하는 2차 곡선으로 근사시켜, 그림의 청색으로 나타낸 면적 S_k를 구한다. 마찬가지로 S_1, $S_2, \cdots, S_{n/2}$를 계산하고, 면적의 총합을 구한다.

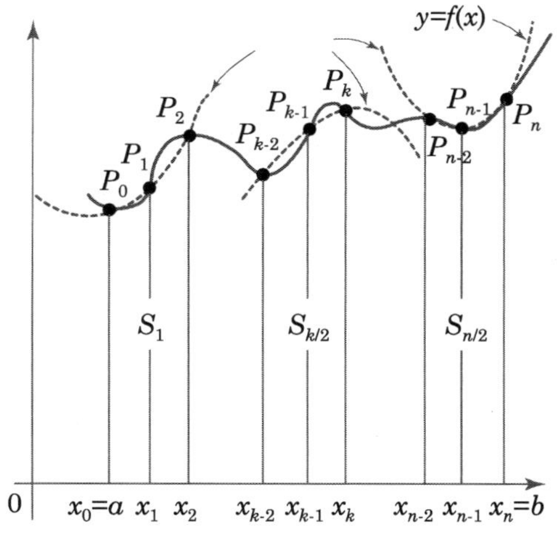

[그림 8.3]

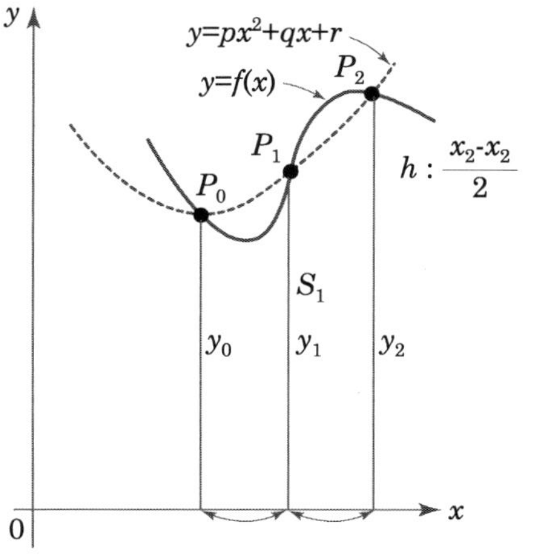

[그림 8.4]

S_1의 면적은 그림 8.4와 같이 세 점 P_0, P_1, P_2를 통과하는 2차 곡선의 방정식을

$$y = px^2 + qx + r \tag{8.4}$$

라고 하면, S_1은

$$S_1 = \int_{x_0}^{x_2} f(x)\,dX = \int_{x_0}^{x_0+2h} (px^2 + qx + r)\,dx$$
$$= \left[\frac{px^3}{3} + \frac{qx^2}{2} + rx\right]_{x_0}^{x_0+2h}$$

로 된다. 여기서 $x_0 = 0$이라 하면

$$S_1 = \left[\frac{px^3}{3} + \frac{qx^2}{2} + rx\right]_0^{2h} = \frac{h}{3}(8ph^2 + 6qh + 6r) \tag{8.5}$$

다음으로 각 분점 $x_0=0$, $x_1=h$, $x_2=2h$에 있어서 함수 값 y_0, y_1, y_2를 구하면,

$$y_0=f(x_0)=f(0)=r$$

$$y_1=f(x_1)=f(h)=ph^2+qh+r$$

$$y_2=f(x_2)=f(2h)=4ph^2+2qh+r$$

로 된다. 이것으로 $y_0+4y_1+y_1$을 구하면

$$y_o+4y_1+y_2=8ph^2+6qh+6r \tag{8.6}$$

이 된다. 식 (8.6)을 식 (8.5)에 대입하면

$$S_1=\frac{h}{3}(y_0+4y_1+y_2)$$

로 되고, S_1은 각 분점의 함수값으로 나타나게 된다. 마찬가지로 S_2, $S_3, \cdots, S_k$, $\cdots, S_{n/2}$에 대해서 계산하면,

$$S_2=\frac{h}{3}(y_2+4y_3+y_4)$$

$$S_3=\frac{h}{3}(y_4+4y_5+y_6)$$

$$\vdots$$

$$S_k=\frac{h}{3}(y_{2k-2}+4y_{2k-1}+y_{2k})$$

$$\vdots$$

$$S_{n/2}=\frac{h}{3}(y_{n-2}+4y_{n-1}+y_n)$$

(2) 프로그램

```
C       EXAMPLE 8-2  SIMPSON'S FORMULA
        F(X)=1/(1+X)
        READ(5, *)XO,XN,N
        H=(XN-XO)/FLOAT(N)
```

```
      X1=X0
      X2=X0+H
      X3=X0+2.0*H
      S=0.0
      N1=N/2
      DO 10 I=1,N1
        S=S+F(X1)+4.0*F(X2)+F(X3)
        X1=X1+2.0*H
        X2=X2+2.0*H
        X3=X3+2.0*H
   10 CONTINUE
      S=H*S/3.0
      WRITE(6,100)S
  100 FORMAT(1H0,'INTEGRAL=',E15.7)
      END
```

(3) 출력결과

```
INTEGRAL = 0.6931474E + 00
```

따라서 전체면적 S의 근사값은

$$S = \sum_{k=1}^{n/2} S_k = \sum_{k=1}^{n/2} \frac{h}{3}(y_{2k-2} + 4y_{2k-1} + y_{2k})$$

$$= \frac{h}{3}\{y_0 + y_n + 4(y_1 + y_3 + \cdots + y_{2k-1} + \cdots y_{n-1})$$

$$+ 2(y_2 + y_4 + \cdots + y_{2k-2} + \cdots y_{n-2})\}$$

$$S = \frac{h}{3}\left\{y_0 + y_n + 4\sum_{k=1}^{n/2} y_{2k-1} + 2\sum_{k=2}^{n/2} y_{2k-2}\right\} \tag{8.7}$$

이 식을 심프슨 공식이라 한다. 이것을 이용하여 함수 $f(x)$의 각 분점의 값 y_1, y_2, $\cdots$, y_n을 구하여 적분하면 좋다.

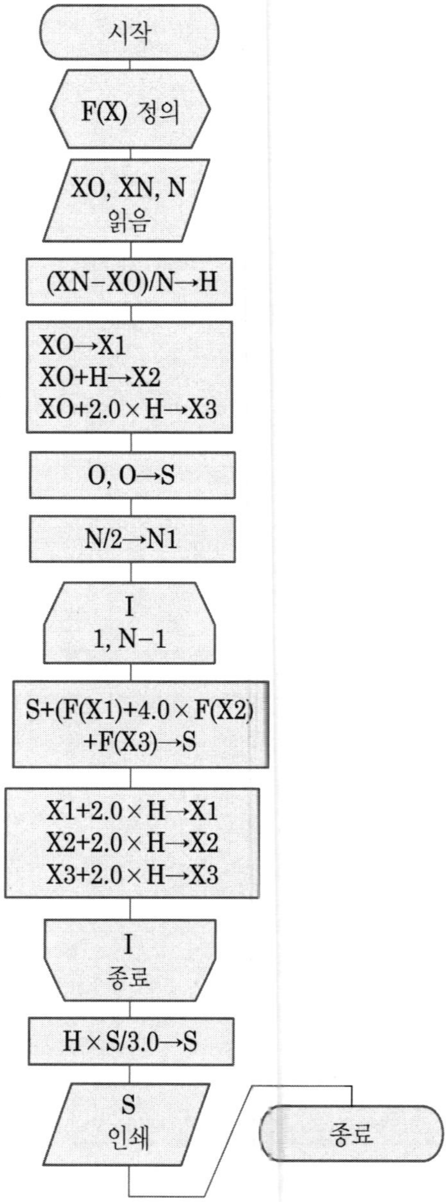
시작
F(X) 정의
XO, XN, N
읽음
(XN−XO)/N→H
XO→X1
XO+H→X2
XO+2.0×H→X3
0, 0→S
N/2→N1
I
1, N−1
S+(F(X1)+4.0×F(X2)
+F(X3)→S
X1+2.0×H→X1
X2+2.0×H→X2
X3+2.0×H→X3
I
종료
H×S/3.0→S
S
인쇄
종료

[그림 8.5] 흐름도

8.2 연립방정식의 해법

예 제

8.3 Gauss - Jordan법

다음 연립1차방정식을 푸는 프로그램을 작성하시오.

$2x+3y+4z=6$ ··········①

$3x+5y+2z=5$ ··········②

$4x+3v+30z=32$ ·······③

(1) 사고방법

연립1차방정식의 풀이에는 여러 가지가 있지만 가우스－조르단법의 소거법이 자주 이용된다. 설명을 이해하기 쉽게 하기위해서 예제 8.3의 연립1차방정식을 컴퓨터로 처리할 때의 처리순서에 따라 손으로 직접 계산해본다.

1) 제 1 STEP

먼저 식 ①의 x의 계수를 1로 만들기 위해 x의 계수 2로 각 항의 계수를 나눈다.

$$x + 1.5y + 2z = 3 \quad \cdots\cdots ①'$$
$$3x + 5y + 2z = 4 \quad \cdots\cdots ②$$
$$4x + 3y + 30z = 32 \quad \cdots\cdots ③$$

다음으로 식 ②, ③의 x항을 지운다. 이를 위해 식 ② − 식 ①′×3을 계산한다. 여기서 3은 식 ②의 x항의 계수이다.

$$3x + 5y + 2z = 5 \quad \cdots\cdots ②$$
$$-3x + 4.5y + 6z = 9 \quad \cdots\cdots ①'\times 3$$
$$0.5y - 4z = -4 \quad \cdots\cdots ②'$$

다음으로 식 ③ − 식 ①′×4를 계산하고, 식 ③에서 x항을 지운다.

$$4x + 3y + 30z = 32 \quad \cdots\cdots ③$$
$$-4x + 6y + 8z = 12 \quad \cdots\cdots ①'\times 4$$
$$-3y + 22z = 20 \quad \cdots\cdots ③'$$

따라서 다음의 결과를 얻을 수 있다.

$$
\begin{aligned}
x + 1.5y + 2z &= 4 & \cdots\cdots ①' \\
0.5y - 4z &= -4 & \cdots\cdots ②' \\
-3y + 22z &= 20 & \cdots\cdots ③'
\end{aligned}
$$

2) 제 2 STEP

식 ②′의 y계수를 1로 하고, 위의 식을 고쳐 쓰면 다음과 같다.

$$
\begin{aligned}
x + 1.5y + 2z &= 3 & \cdots\cdots ①' \\
y - 8z &= -8 & \cdots\cdots ②'' \\
-3y + 22z &= 20 & \cdots\cdots ③'
\end{aligned}
$$

다음으로 식 ①′ 및 식 ③′의 y항을 지우기 위해 식 ①′ − 식 ②′′×1.5 및 식 ③′ − 식 ②′′×(−3)을 계산한다.

$$
\begin{aligned}
x + 14z &= 15 & \cdots\cdots ①'' \\
y - 8z &= -8 & \cdots\cdots ②'' \\
-2z &= -4 & \cdots\cdots ③''
\end{aligned}
$$

3) 제 3 STEP

식 ③′′의 z의 계수를 1로 하고, 위의 식을 고쳐 쓰면 다음과 같다.

$$
\begin{aligned}
x + 14z &= 15 & \cdots\cdots ①'' \\
y - 8z &= -8 & \cdots\cdots ②'' \\
z &= 2 & \cdots\cdots ③'''
\end{aligned}
$$

다음으로 식 ①′′ 및 식 ②′′의 z의 항을 지우기 위해 식 ①′′ − 식 ③′′′×14 및 식 ②′′ − 식 ③′′′×(−8)을 계산한다.

$$
\begin{aligned}
x &= -13 & \cdots\cdots ①''' \\
y &= 8 & \cdots\cdots ②''' \\
z &= 2 & \cdots\cdots ③'''
\end{aligned}
$$

이 결과에서 해는 $x=-13$, $y=8$, $z=2$가 된다.

(2) 프로그램

```
C       EXAMPLE 8-3  GAUSS-JORDAN METHOD
```

```
C      MAIN PROGRAM
       DIMENSION A(10,11)
       READ(5, *)N
       DO 10 I=1,N
         READ(5, *)(A(I,J),J=1,N+1)
   10  CONTINUE
       WRITE(6,100)
  100  FORMAT(1H1,10X,'**  MATRIX A(I,J)  **'/)
       DO 20 I=1,N
         WRITE(6,200)(A(I,J),J=1,N+1)
  200    FORMAT(1H ,10F10.3)
   20  CONTINUE
       CALL CALCULATION(A,N)
       WRITE(6,300)
  300  FORMAT(1H0,10X,'**  RESULT  **'/)
       WRITE(6,400)(I,A(I,N+1),I=1,N)
  400  FORMAT(6X,'X(',I2,')=',E13.5)
       END

C      SUBPROGRAM
       SUBROUTINE CALCULATION(A,N)
       DIMENSION A(10,11)
       DO 10 K=1,N
         P=A(K,K)
         DO 20 J=K,N+1
          A(K,J)=A(K,J)/P
   20    CONTINUE
```

```
          DO 30 I=1,N
           IF(I.EQ.K) GO TO 30
           W=A(I,K)
           DO 40 J=K,N+1
           A(I,J)=A(I,J)-W*A(K,J)
   40     CONTINUE
   30    CONTINUE
   10  CONTINUE
       RETURN
       END
```

(3) 출력결과

```
        ** MATRIX A (I,J) **

   2.000    3.000    4.000    6.000
   3.000    5.000    2.000    5.000
   4.000    3.000   30.000   32.000

            ** RESULT **

   X( 1) =  -0.13000E+02
   X( 2) =   0.80000E+01
   X( 3) =   0.20000E+01
```

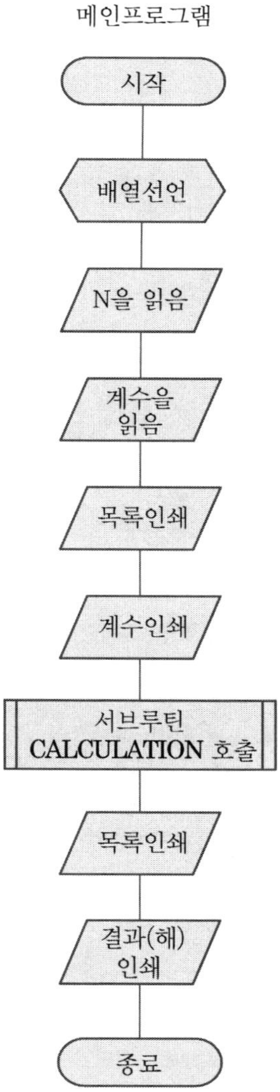
메인프로그램
시작
배열선언
N을 읽음
계수을 읽음
목록인쇄
계수인쇄
서브루틴 CALCULATION 호출
목록인쇄
결과(해) 인쇄
종료

[그림 8.6(1)] 흐름도

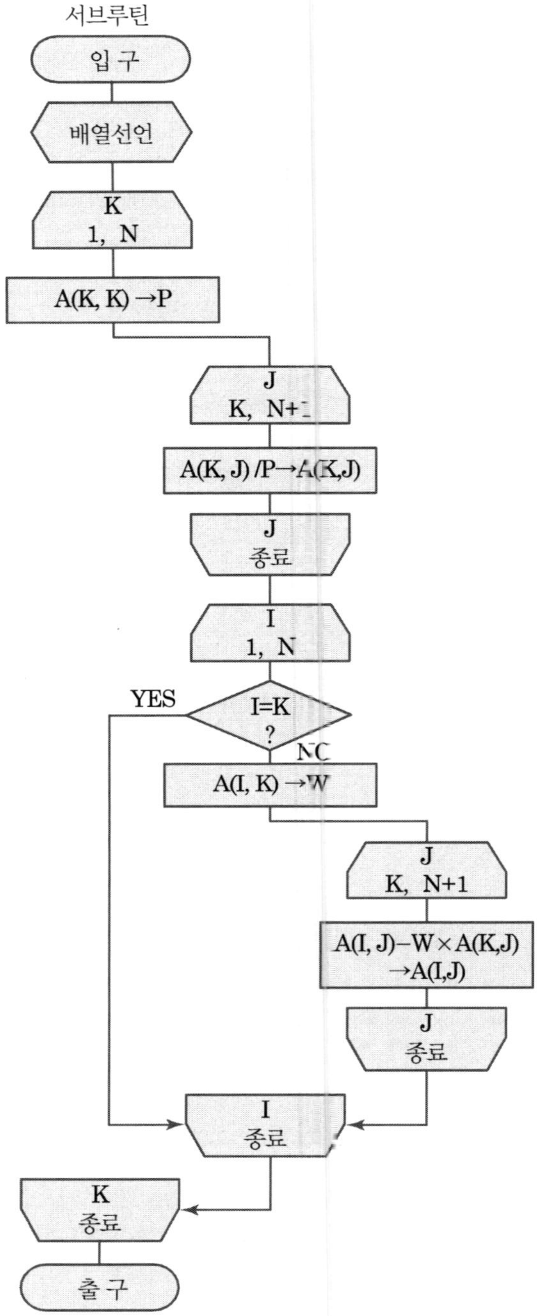
서브루틴
입 구
배열선언
K
1, N
A(K, K) →P
J
K, N+1
A(K, J) /P→A(K,J)
J
종료
I
1, N
YES
I=K
?
NO
A(I, K) →W
J
K, N+1
A(I, J)−W×A(K,J)
→A(I,J)
J
종료
I
종료
K
종료
출 구

[그림 8.6(2)] 흐름도

8.3 함수근사에 의한 예측(최소 2승법)

실험데이터에서 함수식을 구하는 방법으로 회귀분석이라는 방법이 있다. 회귀분석에는 데이터의 함수가 직선으로 된 경우와 곡선으로 된 경우 또는 변수가 복수인 경우 등이 있다. 각각 직선회귀, 곡선회귀, 중회귀라고 한다. 또 데이터와 가상의 선과의 오차가 최소가 되기 위한 각 변수의 계수 및 정수를 구하여 관계식을 추정하는 것이다.

[1] 직선회귀

측정 데이터가 직선관계인 경우 각 데이터 y_i는 다음과 같은 식으로 나타낼 수 있다.

$$y_i = \alpha + \beta x_i + \varepsilon_i$$

여기서, α, β는 미지의 정수, x_i는 값을 알고 있는 변수, ε_i는 오차이다.

위의 식에서 ε_i을 구하면,

$$\varepsilon_i = y_i - \alpha - \beta x_i$$

α, β를 그 추정값 a, b로 치환한 것을 나머지차라 한다. 이 잔차의 2승의 합 SE가 최소가 되도록 추정값 a, b를 결정하는 방법을 최소 2승법이라 한다. n개의 데이터가 있는 경우 SE는 다음과 같다.

$$SE = \sum(y_i - a - bx_i)^2$$

SE가 최소가 되는 조건은 다음과 같다.

$$na + (\sum x_i)b = \sum y_i$$

$$(\sum x_i)a + (\sum x_i^2)b = \sum x_i y_i$$

위의 조건에서 a, b는 다음과 같다.

$$a = \frac{\sum x_i^2 \sum y_i - \sum x_i \sum x_i y_i}{n\sum x_i^2 - (\sum x_i)^2} \qquad b = \frac{n\sum x_i y_i - - \sum x_i \sum y_i}{n\sum x_i^2 - (\sum x_i)^2}$$

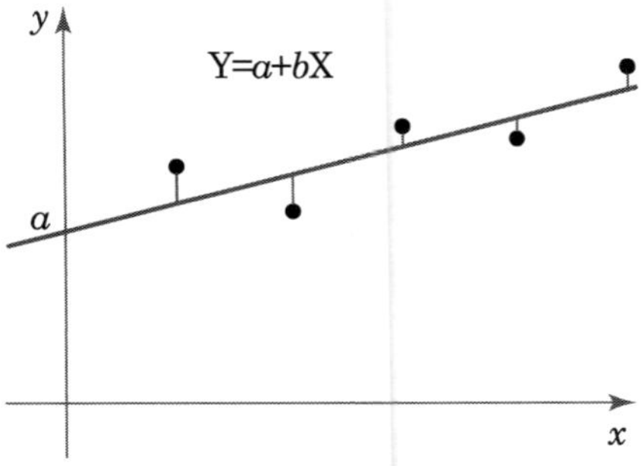

[그림 8.7] 직선회귀

예 제

8.4 저항값

다음 표와 같은 니크롬선의 온도에 대한 저항값의 데이터에서 저항값 R (Ω)을 온도 t[도]의 함수로 나타내는 식을 구하시오.

$R = at + b$

온도 (℃)	20	40	60	80	100
저항 (Ω)	30.0	30.1	30.2	30.4	30.5

금속선의 저항값은 그림 8.8과 같이 온도와 함께 직선적으로 증가한다. 따라서 최소 2승법에 의해 직선의 식을 추정할 수 있다.

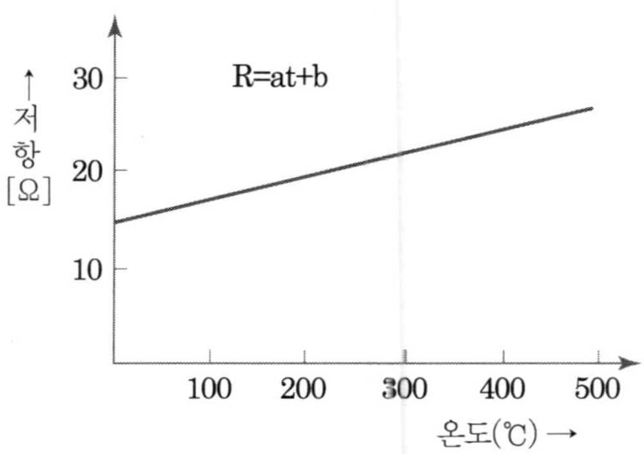

[그림 8.8] 온도와 저항값

$SX=\sum x_i$, $SXX=\sum x_i^2$, $SY=\sum y_i$, $SXY=\sum x_i y_i$, $N=n$으로 취급하고 있다. 초기에 배열선언 및 초기값 설정을 하고, 데이터 수를 읽어 데이터 수만 반복하여 데이터 읽기와 채우는 계산을 한다. 정수를 계산하고, 구한 식을 출력한다.

① 3행 : 채운 변수의 클리어이다.

② 4행 : 데이터수를 입력한다.

③ 6행~10행 : 데이터 읽기와 채우기를 한다.

④ 12행~14행 : 정수를 계산한다.

⑤ 15행~17행 : 데이터를 출력한다.

⑥ 18행~19행 : 결과식을 출력한다.

(1) 프로그램

```
1   C       EXAMPLE 8-4  RESISTANCE
2           DIMENSION T(10),R(10)
3           DATA SX,SXX,SY,SXY/4*0.0/
4           READ(5, *)N
5           DO 10 I=1,N
6             READ(5, *)T(I),R(I)
7             SX=SX+T(I)
8             SXX=SXX+T(I)*T(I)
9             SY=SY+R(I)
10            SXY=SXY+T(I)*R(I)
11     10   CONTINUE
12          C=N*SXX-SX*SX
13          A=(N*SXY-SX*SY)/C
14          B=(SY*SXX-SX*SXY)/C
15          WRITE(6,100)(T(I),R(I),I=1,N)
16     100 FORMAT(' ','온도',3X,'저항'/
```

```
     &           (' ',F4.0,F7.1)
      WRITE(6,200)A,B
  200 FORMAT('0','R=',E12.5,'T+',E12.5)
      END
```

(2) 출력결과

```
 온도      저항
  20       30.0
  40       30.1
  60       30.2
  80       30.4
 100       30.5
R = 0.64992E - 02T + 0.29850E + 02
```

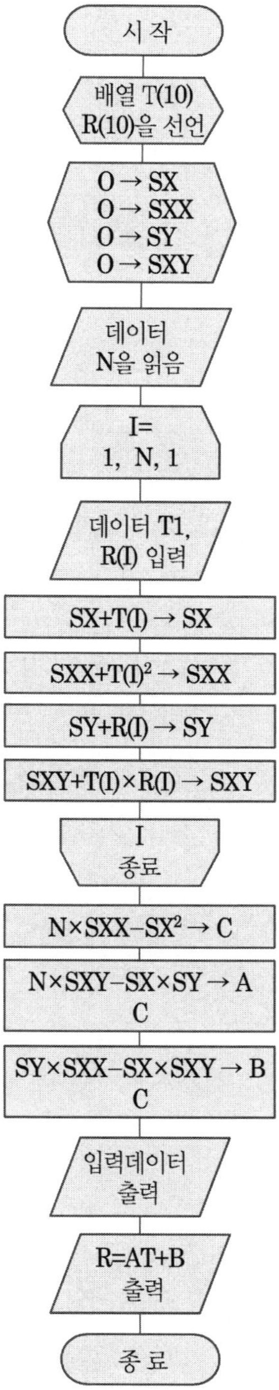
시 작
배열 T(10)
R(10)을 선언
O → SX
O → SXX
O → SY
O → SXY
데이터
N을 읽음
I=
1, N, 1
데이터 T1,
R(I) 입력
SX+T(I) → SX
SXX+T(I)² → SXX
SY+R(I) → SY
SXY+T(I)×R(I) → SXY
I
종료
N×SXX−SX² → C
N×SXY−SX×SY → A
C
SY×SXX−SX×SXY → B
C
입력데이터
출력
R=AT+B
출력
종 료

[그림 8.9] 흐름도

[2] 예측

예 제

8.5 판매대수의 예측

최근 5년 동안의 자동차 판매대수는 다음 표와 같다. 내년도 판매대수를 예측하는 프로그램을 작성하시오. 판매 대수 y와 년도 x와의 관계를 다음 식으로 근사시켜 예측한다.

$y = a + bx$

년도	1985	1986	1987	1988	1989
대수	52	61	73	82	94

5년 중 중간년도를 0으로 하면, 년도는 −2, −1, 0, 1, 2가 된다. 다음 년도는 3이 된다. 년도를 x_1, x_2, x_3, x_4, x_5로 하고, 판매대수를 y_1, y_2, y_3, y_4, y_5으로 하면 최소 2승법의 각 정수는 다음과 같다.

$$\sum x_i = (-2) + (-1) + 0 + 1 + 2 = 0$$

$$a = \frac{\sum x_i^2 \sum y_i - \sum x_i \sum x_i y_i}{n\sum x_i^2 - (\sum x_i)^2} \frac{\sum y_i}{n} = \frac{y_1 + y_2 + y_3 + y_4 + y_5}{n}$$

$$b = \frac{n\sum x_i y_i - - \sum x_i \sum x_i y_i}{n\sum x_i^2 - (\sum x_i)^2} = \frac{\sum x_i y_i}{\sum x_i^2}$$

$$= \frac{x_1 y_1 + x_2 y_2 + x_3 y_3 + x_4 y_4 + x_5 y_5}{x_1^2 + x_2^2 + x_3^2 + x_4^2 + x_5^2}$$

① 2행 : 배열선언 · 형선언 및 배열요소크 선언을 동시에 하고 있다.
배열요소선언은 일반적으로는 하한을 생략하고 이용하지만, 이 경우에는 하한은 1이고, 이 프로그램에서는 다음고 같은 배열요소가 된다.

$Y(-2)$, $Y(-1)$, $Y(0)$, $Y(1)$, $Y(2)$

(1) 프로그램

```
C     EXAMPLE 8-5                          판매대수의 예측
      REAL Y(-2:2)
      DO 10 I=-2,2
10      READ(5, *)Y(I)
      SY=0.0
      SXY=0.0
      SXX=0.0
      DO 20 I=-2,2
        SY=SY+Y(I)
        SXY=SXY+I*Y(I)
20      SXX=SXX+I*I
      A=SY/5.0
      B=SXY/SXX
      PY=A+B*3.0
      WRITE(6,100)(I+3,Y(I),I=-2,2)
100   FORMAT(1X,I6,F10.1)
      WRITE(6,200)PY
200   FORMAT(' ESTIMATE',F10.1)
      END
```

(2) 출력결과

```
     1          52.0
     2          61.0
     3          73.0
     4          82.0
     5          94.0
 ESTIMATE      103.9
```

응용문제 1 예제 8.4의 결과를 이용하여 임의의 온도를 입력하면, 그 온도에서의 저항값을 출력하는 프로그램을 작성하시오.

응용문제 2 예제 8.5의 프로그램을 임의의 년도(서기)를 입력하면, 그 년도의 예상 판매대수를 출력하도록 변경하시오.

8.4 SORT · 순위매김

예 제

8.6 SORT

8월 16일부터 8월 31일까지의 날짜와 서울의 기온, 온도를 입력하고 다음 사항을 구하여 인쇄하는 프로그램을 작성하시오.

- 불쾌지수
- 불쾌감
- 불쾌지수를 내림차순으로(큰 것부터) SORT(정렬)
- 최고기온의 평균
- 상대습도의 평균

<**불쾌지수의 계산식**>

불쾌지수 $F=0.81t+0.01H(0.99t-14.3)+46.3$

t : 기온

H : 상대습도

<**불쾌감**>

$F<70$ ············ 쾌적

$70 \le F<75$ ····· 일부 불쾌 (불쾌감을 갖는 사람이 나타남)

$75 \le F<80$ ····· 반수 불쾌 (반수 이상 불쾌)

$80 \le F<85$ ····· 전원 불쾌 (전원 불쾌감을 느낌)

$85 \le F$ ············ 참기 어려움 (견딜 수 없음)

(1) 사고방법

1) SORT(정렬)

배열선언으로 T(31, 3)을 준비하고, T(I, 1)에 기온, T(I, 2)에 습도, T(I, 3)에 불쾌지수를 그림 8.10과 같이 기억시킨다.

그림 8.11 흐름도에서 I=1일 때 T(1, 3)과 T(2, 3)에서 T(16, 3)까지 J를 2에서 16까지 증가시켜 비교하고, T(1, 3)보다 T(J, 3)이 클 때는 T(1, 1), T(1, 2), T(1, 3)과 T(J, 1), T(J, 2), T(J, 3)을 교체한다. 그림 8.12(a)의 배열그림과 같이 T(1, 3)에서 T(16, 3)의 맨 처음부터 마지막까지 비교하기위해 제일 큰 것이 T(1, 3)에 입력된다.

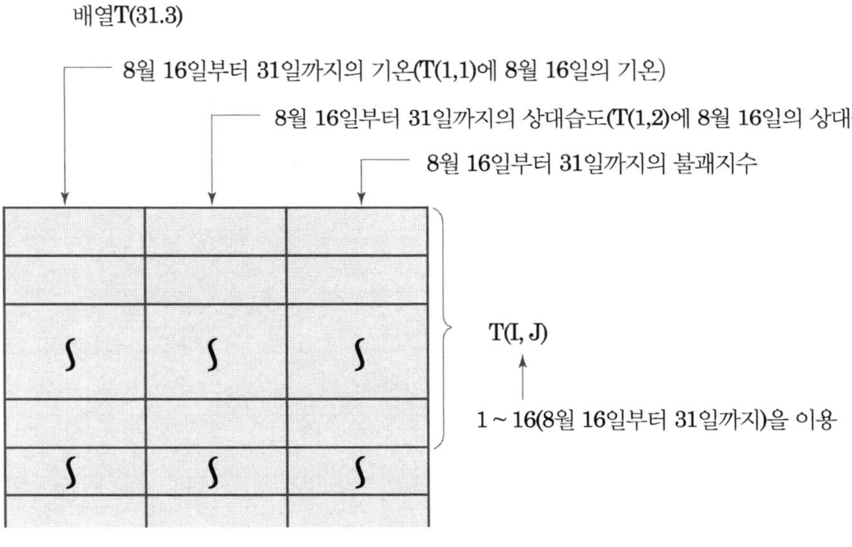

[그림 8.10]

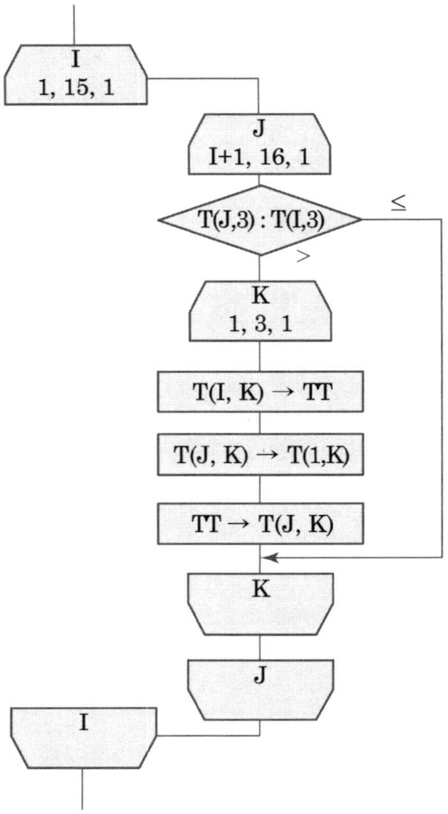

[그림 8.11] 흐름도

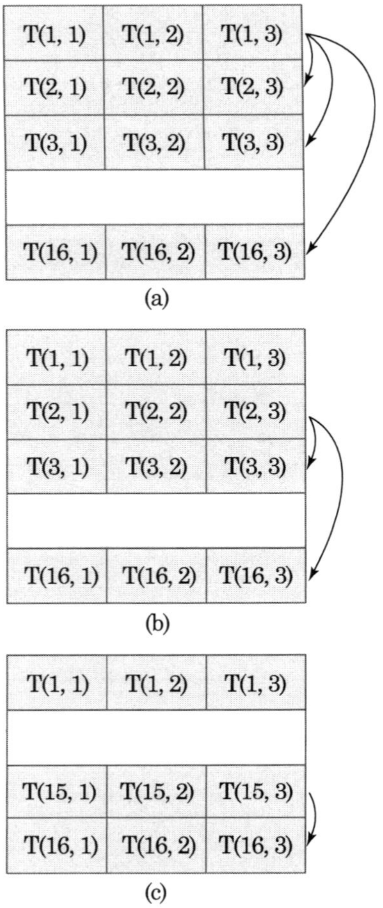

[그림 8.12]

I=2일 때는 그림 8.12(b)의 배열그림과 같이 T(2, 3)과 T(3, 3)에서 T(16, 3)까지 J를 변화시켜 비교하고, T(2, 3)보다 큰 값인 경우에는 교체하기 위해 두 번째로 큰 것이 T(2, 3)에 입력된다.

I=15일 때는 그림 8.12(c)의 배열그림과 같이 T(15, 3)과 T(16, 3)을 비교한다. I=16이면 비교할 것이 없다는 것을 알 수 있다.

이상에서 J는 I=I+1부터 16까지 변화시키고 I는 I=1부터 15까지(데이터 수가 N개인 경우 N−1까지) 변화시켜 비교하는 것이 포인트이다.

큰 것에서 작은 것 순서로 SORT하는 것을 내림차순, 작은 것에서 큰 것 순서로 SORT하는 것을 오름차순이라 한다. 그림 8.11 흐름도의 판정을 그림 8.13와 같이 역으로 하면, 오름차순이 된다.

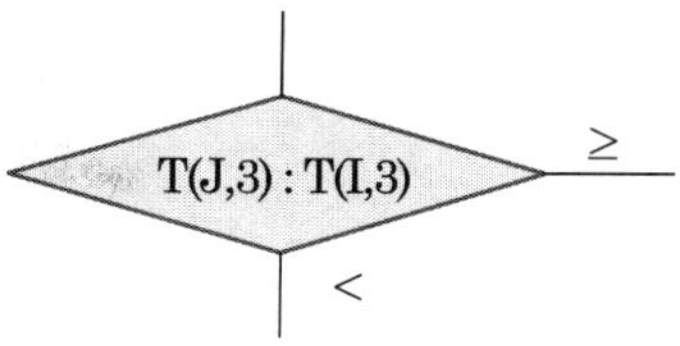

[그림 8.13]

2) 프로그램의 사고방법

주프로그램과 2개의 서브루틴 SORT, PRINT에서 구성한다.

주프로그램은 배열에 입력하여 다음 사항을 실행한다.

① 불쾌지수를 계산하고, T(1, 3)에서 T(16, 3)에 기억한다.

② 기온, 습도의 합계 GT, GH, 평균 HT, HH를 구한다.

③ 기온, 습도의 합계 GT, GH, 평균 HT, HH를 인쇄한다.

(a) 서브루틴 SORT : 배열 T(I, 3)에 기억된 불쾌지수를 내림차순으로 SORT하고, 그것과 관련한 기온 T(I, 1), 습도 T(I, 2), 날짜 IN(I, 2)를 SORT와 함께 교체한다. 순위를 붙여 IN(I, 1)에 기억시킨다.

(b) 서브루틴 PRINT : 불쾌지수의 값을 판별하고, 불쾌감과 함께 인쇄한다.

(2) 프로그램

```
C      EXAMPLE 8-6                       불쾌지수
C      MAIN PROGRAM
       DIMENSION IN(31,2),T(31,3)
     GT=0                   기온의 합계를 기억하기 위해 초기값을 0으로
                            한다.
     GH=0                   습도의 합계를 기억하기 위해 초기값을 0으로
                            한다.
       READ(5,501)N
   501 FORMAT(I2)
       DO 11 I=1,N
         READ(5,501)IN(I,2)
```

```
          IN(I,1)=I                날짜를 배열IN에 입력, 순위매김을 준비
   11   CONTINUE
        DO 22 I=1,N
          DO 33 J=1,2
            READ(5,502)T(I,J)      기온, 습도를 배열 T(I,1),T(I,2)
                                   에 입력
  502       FORMAT(F5.1)
   33     CONTINUE
   22   CONTINUE
        DO 44 I=1,N
             F=0.81*T(I,1)+0.01*T(I,2)*(0.99*T(I,1)-14.3)+
46.3
          T(I,3)=F                 불쾌지수를 구하여 배열 T(I,3)에 기억,
          GT=GT+T(I,1)             기온의 합계, 습도의 합계를 구한다.
          GH=GH+T(I,2)
   44   CONTINUE
        CALL SORT(IN,T,N)          SOPT(내림차순으로 정렬한다.)
        CALL PRINT(IN,T,N)         인쇄
        HT=GT/FLOAT(N)
        HH=GH/FLOAT(N)             평균기온, 평균습도의 계산
        WRITE(6,610)GT,GH
  610   FORMAT(1H0,'SUM',4X,F10.1,F13.1)
        WRITE(6,611)HT,HH
  611   FORMAT(1H ,'AVERAGE',4X,F10.1,F13.1)
        STOP
        END

C       SUBPROGRAM-1
```

```
      SUBROUTINE SORT(IN,T,N)           서브루틴정렬을 정의
      DIMENSION IN(31,2),T(31,3)        배열선언
      NN=N-1
      DO 55 I=1,NN
        DO 66 J=I+1,N
          IF(T(J,3).GE.T(I,3))THEN      불쾌지수 T(I,3)을 내림차순
                                        으로
           DO 77 K=1,3                  정렬하여 그것에 따른 날짜
            TT=T(I,K)                   IN(I,2)의 교체하고 순위매김
            T(I,K)=T(J,K)               IN(I,1)을 실행한다.
            T(J,K)=TT
   77      CONTINUE
            NNN=IN(I,2)
            IN(I,2)=IN(J,2)
            IN(J,2)=NNN
             IF(T(I,3).EQ.T(J,3))THEN  같은 순위를 조사한다.
              IN(J,1)=IN(I,1)
             ELSE
            END IF
          ELSE
          END IF
   66   CONTINUE
   55 CONTINUE
      RETURN
      END

C     SUBPROGRAM-2
      SUBROUTINE PRINT(IN,T,N)          서브루틴 프린트의 선언
```

```
      DIMENSION IN(31,2),T(31,3)
      WRITE(6,601)
  601 FORMAT(1H ,'NO DAY TEMP ℃) HUMIDITY(%) DISCOMF. INDEX')
                                          표제의 인쇄
      DO 88 I=1,N
        IF(T(I,3).LT.70.0)THEN
        WRITE(6,602)IN(I,1),IN(I,2),T(I,1),T(I,2),T(I,3)
  602   FORMAT(1H ,I2,I8,F10.1,F13.1,F14.3,3X,7HAGREEABLE)
        ELSE IF(T(I,3).LT.75.0)THEN
        WRITE(6,603)IN(I,1),IN(I,2),T(I,1),T(I,2),T(I,3)
  603   FORMAT(1H ,I2,I8,F10.1,F13.1,F14.3,3X,12HSLIGHTLY
        DISCOMFORT)
        ELSE IF(T(I,3).LT.80.0)THEN
        WRITE(6,604)IN(I,1),IN(I,2),T(I,1),T(I,2),T(I,3)
  604    FORMAT(1H ,I2,I8,F10.1,F13.1,F14.3,3X,11HA HALF
         DISCOMFORT)
        ELSE IF(T(I,3).LT.85.0)THEN
        WRITE(6,605)IN(I,1),IN(I,2),T(I,1),T(I,2),T(I,3)
  605   FORMAT(1H ,I2,I8,F10.1,F13.1,F14.3,3X,11HA WHOLE
        DISCOMFORT)
        ELSE                                불쾌지수의 값에 따른
        WRITE(6,606)IN(I,1),IN(I,2),T(I,1),T(I,2),T(I,3)
                                            불쾌감에 대해서
  606   FORMAT(1H ,I2,I8,F10.1,F13.1,F14.3,3X,8HUNBEARABLE)
                                            인쇄
        END IF
   88 CONTINUE
```

```
RETURN
END
```

(3) 출력결과

NO	DAY	TEMP (℃)	HUMIDITY (%)	DISCOMF. INDEX	
1	29	32.6	73.0	85.827	UNBEARABLE
2	22	33.0	68.0	85.522	UNBEARABLE
3	25	32.4	70.0	84.987	A WHOLE DISCOMFORT
4	23	32.0	73.0	84.907	A WHOLE DISCOMFORT
5	20	31.7	72.0	84.277	A WHOLE DISCOMFORT
6	27	31.2	76.0	84.179	A WHOLE DISCOMFORT
7	24	31.6	68.0	83.445	A WHOLE DISCOMFORT
8	28	30.4	79.0	83.403	A WHOLE DISCOMFORT
9	19	30.6	76.6	83.337	A WHOLE DISCOMFORT
10	21	30.9	73.0	83.221	A WHOLE DISCOMFORT
11	26	29.7	84.0	83.044	A WHOLE DISCOMFORT
12	31	30.6	74.0	82.922	A WHOLE DISCOMFORT
13	18	30.5	74.0	82.767	A WHOLE DISCOMFORT
14	30	29.0	79.0	81.174	A WHOLE DISCOMFORT
15	17	28.1	86.6	80.768	A WHOLE DISCOMFORT
16	16	25.6	80.3	75.904	A HALF DISCOMFORT
SUM		489.9	1206.5		
AVERAGE		30.6	75.4		

8.5 리사주 그림(Lissajous's figure)

브라운관 오실로그래프의 수직축, 수평축 단자에 주파수가 각각 f_v, f_h인 전압을 가하면 브라운관 화면에는 보통은 복잡한 곡선을 얻을 수 있지만, f_v와 f_h가 정수비인 경우는 정지한 도형을 얻을 수 있다. 이 도형을 리사주 그림이라 하고, 두 종류의 전압간의 위상차와 주파수의 측정에 이용된다.

그렇다면, 브라운관 오실로그래프의 수직축 단자에 주파수 f, 수평축 단자에 $2f$의 최대값을 같은 정현파교류전압을 가한 경우, 브라운관 화면에 그려진 리사주도형을 생각해보자.

그림 8.14와 같이 주파수 f의 정현파가 1 사이클 즉, 각도로 360° 의 변화에 대하여 $2f$의 정현파는 2사이클이 된다. 지금 각각의 파형을 8등분하고 1~9의 번호를 붙여 각각의 점을 왼쪽 또는 위쪽으로 평행이동하고, 그 교점 1′ ~ 9′를 구하고, 번호순서대로 이으면 8자 모양의 리사주 그림을 얻을 수 있다.

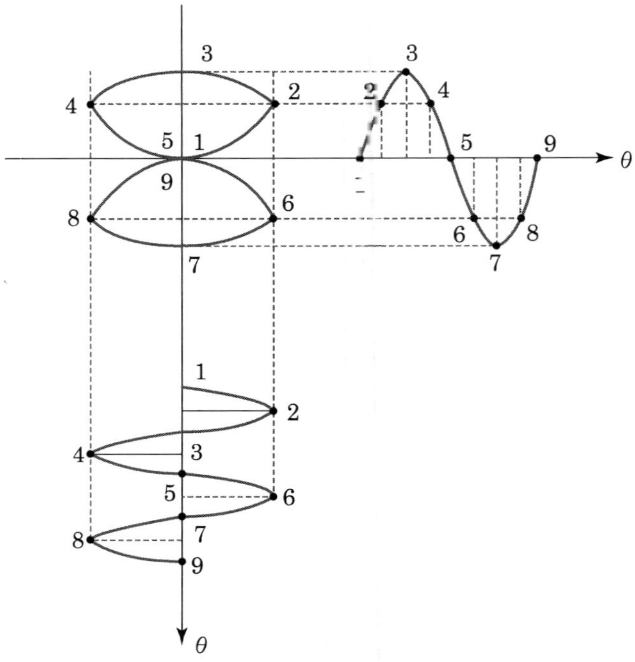

[그림 8.14] 리사주 그림

예 제

8.7 리사주 그림

다음 방법으로 리사주 그림을 그리는 프로그램을 작성하시오.

(1) 수직축에 가하는 정현파전압은 $V_v = V_{vm}\sin(C_v \cdot \theta)$

수평축에 가하는 정현파전압은 $V_h = V_{hm}\sin(C_h \cdot \theta - P_h)$로 한다.

단, $V_{vm} = V_{hm} = 1$, C_v, C_h는 주파수비를 주는 배수, P_h는 위상이다.

(2) 입력데이터는 C_v, C_h, P_h이다.(3) 출력도형은 그림 8.15와 같이 문서상 61행, 101자릿수의 범위 내에 인쇄한다.

(4) 그림 8.16의 데이터에 대해서 프로그램을 실행해보시오.

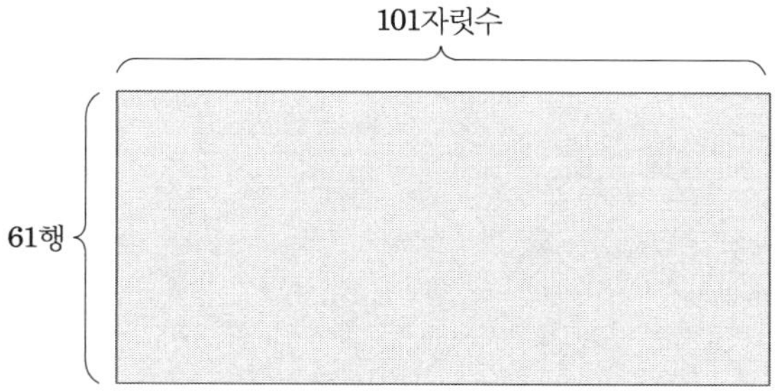

[그림 8.15]

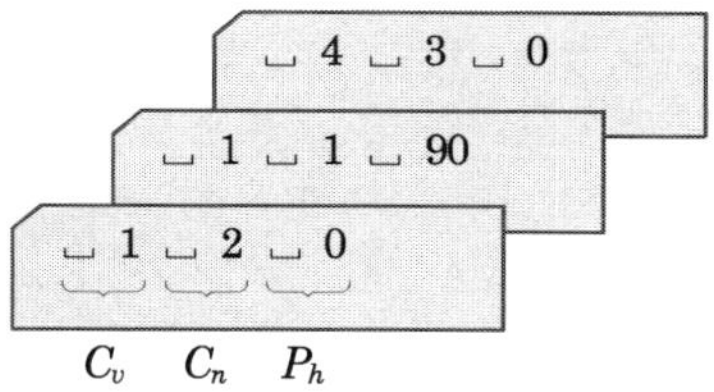

[그림 8.16]

(1) 사고방법

① $\sin\theta$는 $-1 \le \sin\theta \le 1$의 값을 취하므로 그림 8.17과 같은 좌표평면을 생각한다. 이 영역을 문자형 2차원 배열(ZUKEI)로 확보한다.

주의할 점은 y축의 양수와 음수가 수학의 좌표축과는 반대이다. 따라서 수직축의 값에 대해서 부호를 뒤바꿔둔다.

② 각도를 1~360°까지 바꾸어 각각에 대응한 모든 점에 *를 전송시켜 도형을 출력한다.

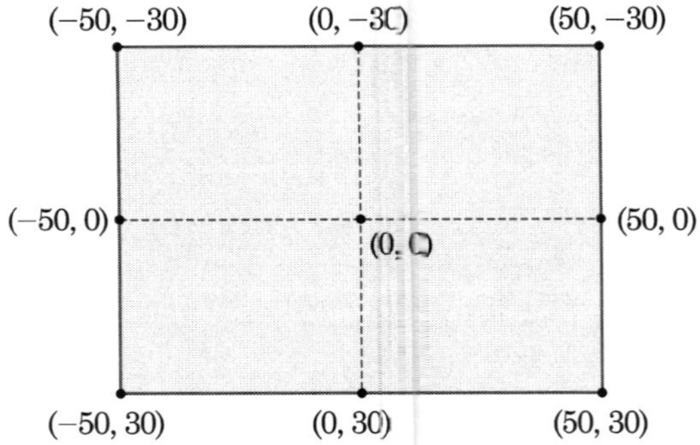

[그림 8.17]

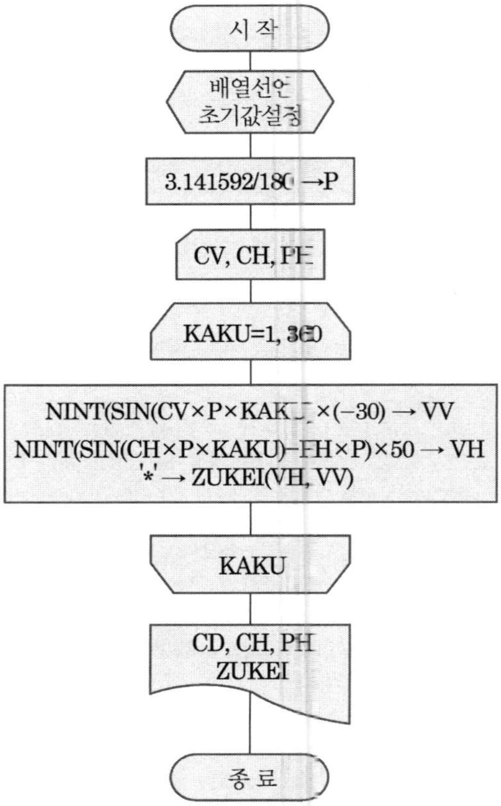

[그림 8.18] 흐름도

(2) 프로그램

```
C       EXAMPLE 8-9  LISSAJOUS' FIGURE
        INTEGER ANG,I,J,VH,VV,CV,CH,PH
        REAL    P                              배열선언, 형선언
        CHARACTER FIGURE(-50:50,-30:30)
        DATA      FIGURE/6161*' '/             초기값 설정
        P=3.141592/180                         각도를 라디안으로 변환하는 계수
        READ(5, *)CV,CH,PH
        DO 1 KAKU=1,360
          VV=NINT(SIN(CV*P*ANG)*(-30))
          VH=NINT(SIN(CH*P*ANG-PH*P)*50)       도형을 그린다.
          FIGURE(VH,VV) ='*'
    1   CONTINUE
        WRITE(6,60)CV,CH,PH
   60   FORMAT(' ','수직축 주파수 배수=',I2,5X,
    *          '수평축 주파수 배수=',I2,5X,'수평축 위치='I3,'(도)')
        WRITE(6,61)((FIGURE(I,J),I=-50,50),J=-30,30)
                                               출력
   61   FORMAT(' ',101A1)
        END
```

8.6 마방진(magic square)

마방진이란 1부터 N^2의 정수를 $N \times N$의 정사각행렬로 나열한 것으로, 행요소의 합, 열요소의 합 및 대각선상의 요소의 합이 각각 같은 것을 말한다.

예 제

8.10 마방진

치수 N의 마방진을 인쇄하는 프로그램을 작성하시오. 단, N은 19이하의 정수이고 홀수로 한다.

(1) 사고방법

마방진을 바세의 방법을 이용하여 작성한다. 이 방법에 대해 설명하면 다음과 같다.

① 1을 제 1행의 중앙열에 둔다. (그림 8.19(a)).

② 다음 수를 오른쪽 비스듬히 위의 요소에 둔다. 이 때 오른쪽 비스듬히 위에 행렬의 요소가 없으면 그 행 또는 열의 가장 먼 요소에 수를 입력한다.(그림 8.19(b)).

③ ② 단계에서 놓아둔 수가 N의 배수라면 다음 수를 바로 아래의 행렬의 요소에 둔다. (그림 8.19(c)).

④ ②, ③의 순서를 행렬의 요소의 개수분($N \times N$)까지 반복한다.

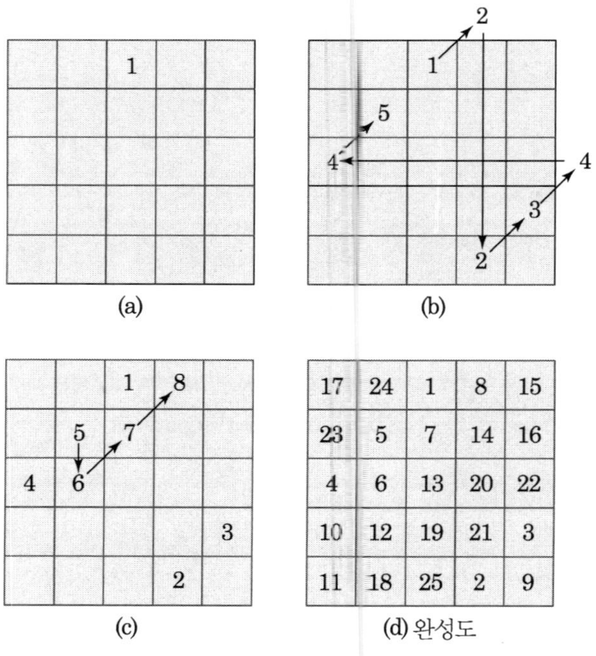

[그림 8.19]

(2) 프로그램

```
C       EXAMPLE 8-10  MAGIC SQUARE
        DIMENSION K(19,19)                치수N의 읽기
        READ(5,10)N                       치수N의 읽기
   10   FORMAT(I2)
        I=1                               행I, 열J의 초기값 설정
        J=(N+1)/2
        K(I,J)=1                          제1행의 중앙열에 1을 입력한다.
        L=N*N                             반복의 한계값
        DO 20 M=2,L
          IF(MOD(M,N).EQ.1)THEN           N의 배수+1인지 판단
           I=I+1                          바로 밑의 행렬을 설정
          ELSE IF(I.EQ.1)THEN             제1행인지 판단
           I=N
           J=J+1                          다음 열의 최하위를 설정
          ELSE IF(J.EQ.N)THEN             오른쪽 끝의 열인지 판단
           I=I-1
           J=1
          ELSE
           I=I-1                          오른쪽 비스듬히 위에 있는 행
                                          렬을 설정
           J=J+1
        END IF
        K(I,J)=M
   20   CONTINUE
        DO 30 I=1,N
          WRITE(6,100)(K(I,J),J=1,N) 마방진의 인쇄
```

```
100   FORMAT(19I4)
30  CONTINUE
      STOP
      END
```

(2) 출력결과

```
30  39  48   1  10  19  28
38  47   7   9  18  27  29
46   6   8  17  26  35  37
 5  14  16  25  34  36  45
13  15  24  33  42  44   4
21  23  32  41  43   3  12
22  31  40  49   2  11  20
```

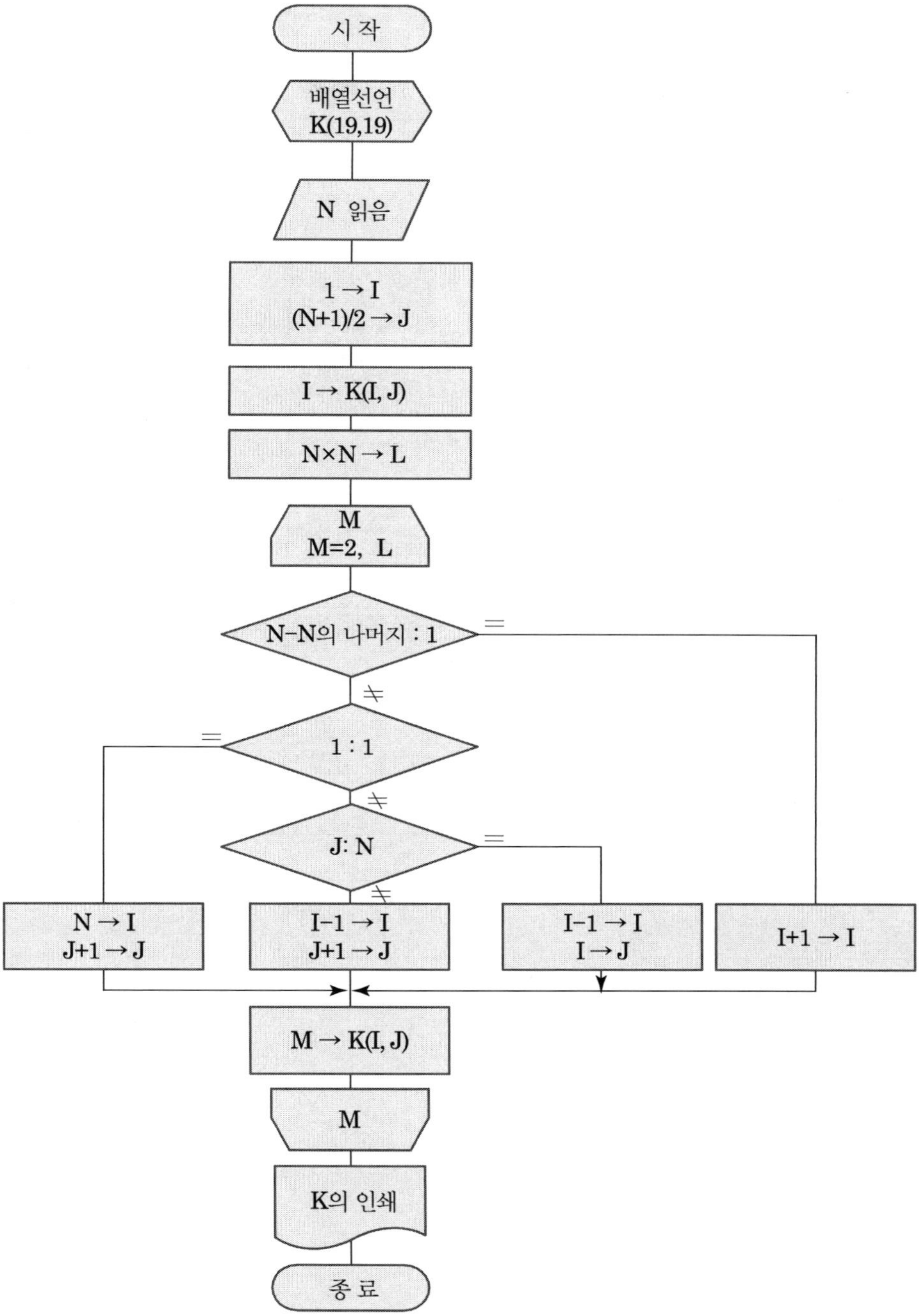
시 작
배열선언
K(19,19)
N 읽음
1 → I
(N+1)/2 → J
I → K(I, J)
N×N → L
M
M=2, L
N−N의 나머지 : 1
=
≠
1 : 1
=
≠
J: N
=
≠
N → I
J+1 → J
I−1 → I
J+1 → J
I−1 → I
I → J
I+1 → I
M → K(I, J)
M
K의 인쇄
종 료

[그림 8.20] 흐름도

부록 Chapter 1

프로그램의 설치

FORTRAN 은 1950 년대 IBM 에서 과학용 계산을 하기 위해 개발된 컴퓨터 프로그램 언어로 Formular 와 Translator 의 약자이다. 포트란 1-4, 66,77 로 발전되었고, 최근에는 윈도우 프로그램 언어로 포트란 90, 95, Visual Fortran이 사용되고 있다.

현재는 Compaq visual fortran을 인수한 Hewlett-Packard는 intel사와 제휴하여 Compaq visual fortran과 Intel visual fortran의 컴파일러를 호환되게 하였고, 두프로그램의 형식은 구조와 형식면에서 거의 동일하게 사용되고 있다.

설치에 앞서 Compaq visual fortran의 CD Program을 구입하거나 인텔사의 홈페이지에서 30일 무료 평가판을 다운받아서 사용할 수 있다.

1.1 개요

[1] 프로그램이란 무엇인가.

어떤행사를 할때 진행순서를 미리정해 놓은 계획표와 같은 것으로 컴퓨터가 실행할 동작들의 순서를 글자나 기호등으로 정해놓은 컴퓨터가 이해할 수 있게 정해진

규칙에따라 표현되는 일련의 언어를 통괄하여 프로그램이라 한다.

[2] Fortran 프로그램이란.

공학등에서 수학적 계산에 주로 사용하는 범용 프로그램언어이다.
포트란은 최초의 공학용 고급 프로그램언어이다.

[3] Fortran을 왜 배우는가.

Fortran은 과학 및 공학분야에서 가장 많이 사용하는 프로그램 언어이다.
과학 및 공학 전공분야의 대부분 연구 자료들은 Fortran으로 구축되어있다.
기존의 자료를 읽고 이해하면, 수정하여 더욱 발전시키기 위하여 Fortran언어의 습득은 매우 중요하다.

1.2 Compaq Visual Fortran의 설치

Compaq Visual Fortran 6.5의 설치를 다음의 단계를 참고하여 설치를 진행한다.
1단계 : Compaq Visual Fortran 6.5 cd를 삽입 후 setup을 실행한다.

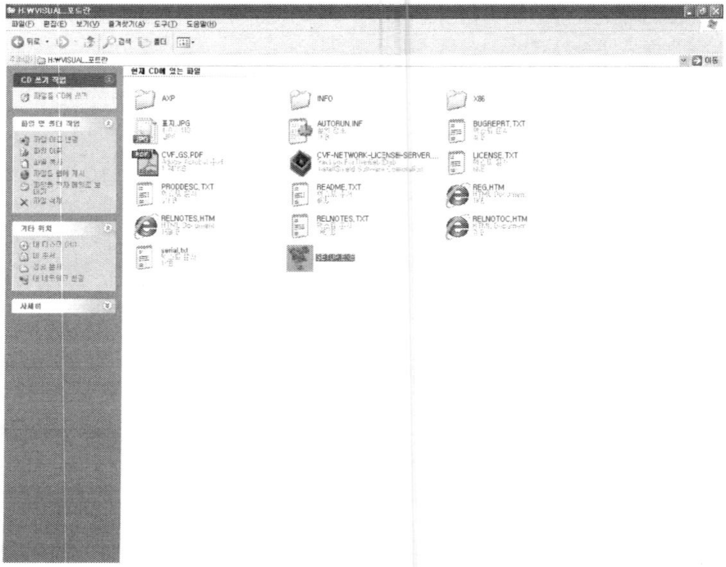

2단계 : Install Visual Fortran 을 실행한다.

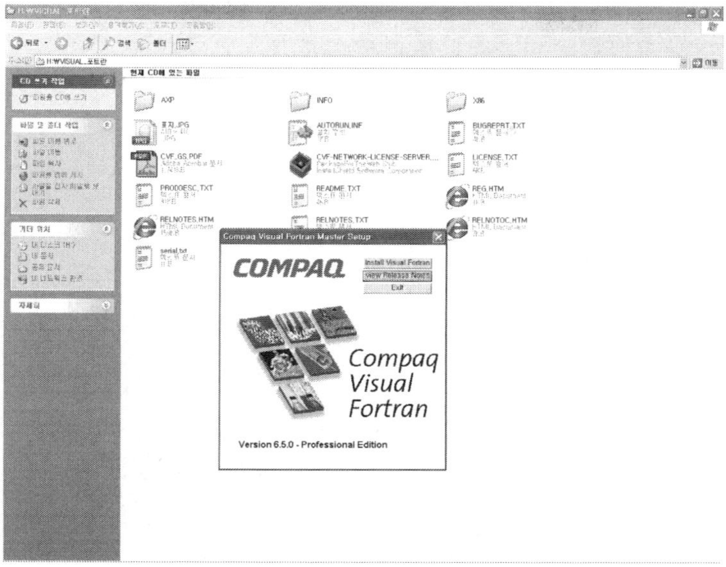

3단계 : Fortran의 초기 Setup화면에서 next를 클릭한다.

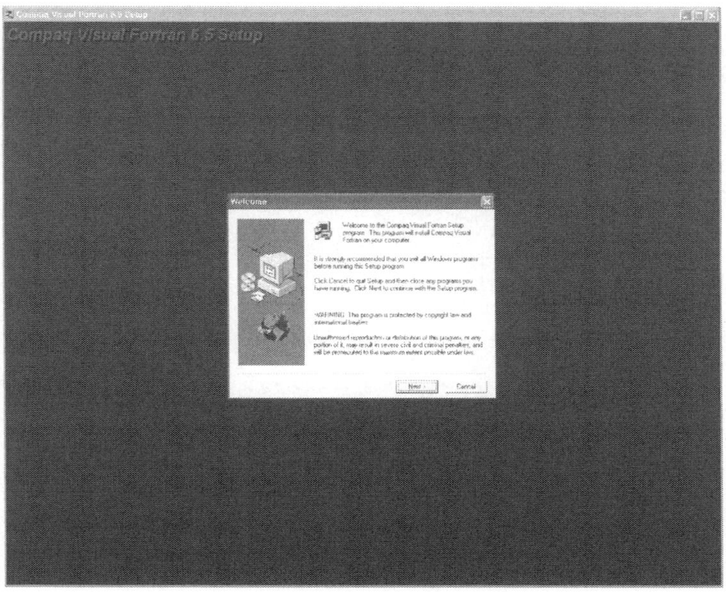

4단계 : Registration에서 이름과 기관 Serial Number을 입력후 next를 클릭한다.

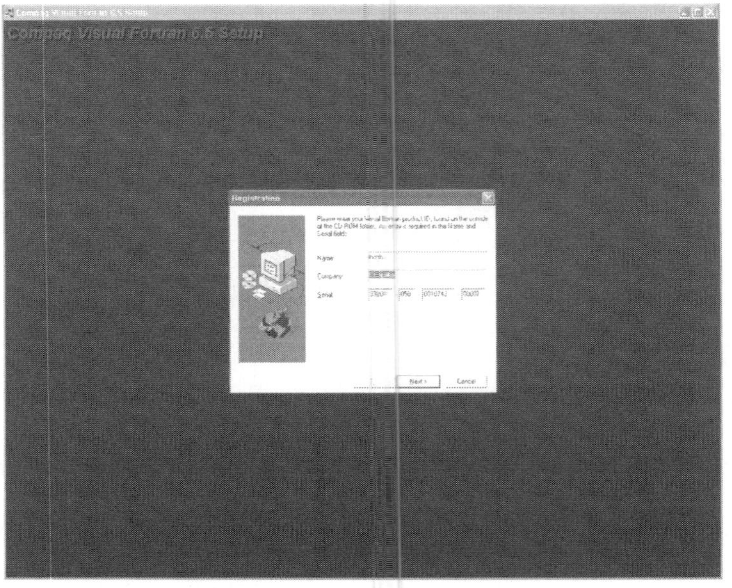

5단계 : 입력정보를 확인후 Yes를 클릭한다.

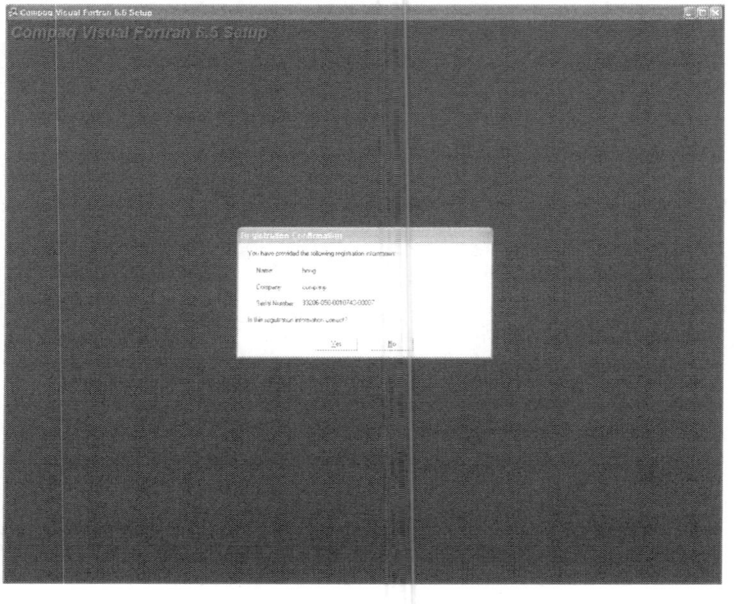

6단계 : 설치 타입을 선택한다. 일반적으로 설치하는 Typical 타입을 선택후 next 를 클릭한다.

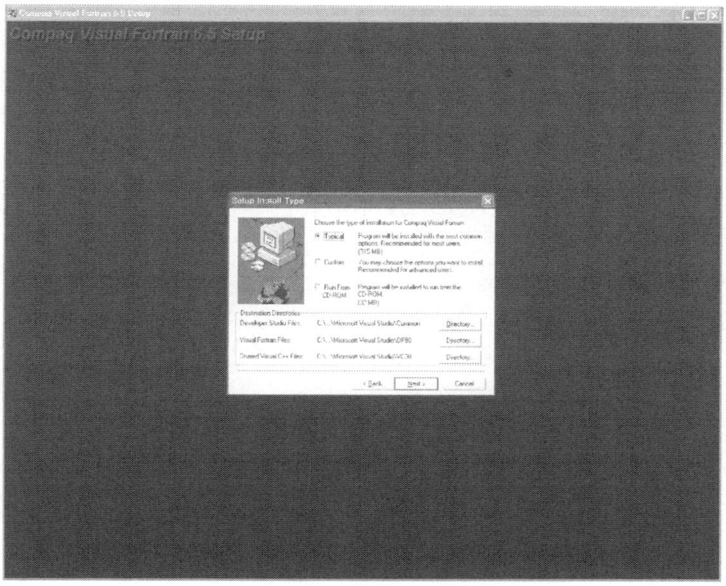

7단계 : 설치될 폴더를 선택하고 next를 클릭한다.

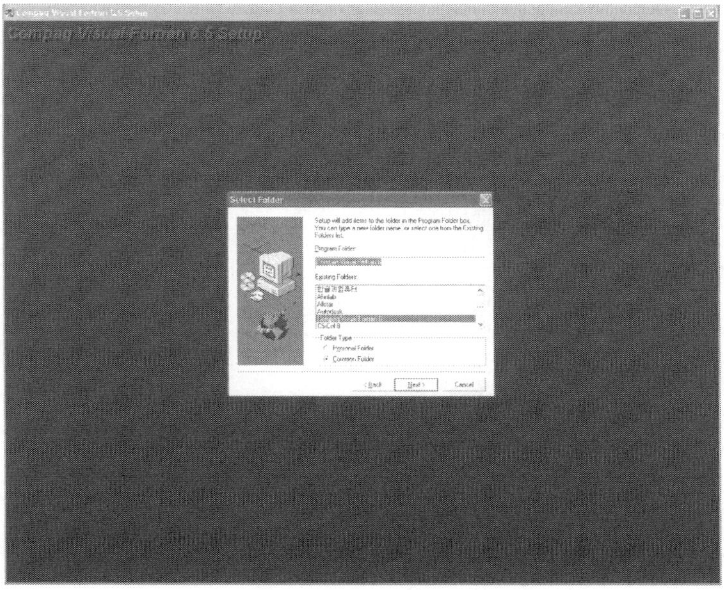

8단계 : 설치를 완료하고, Visual Fortran을 실행한다.

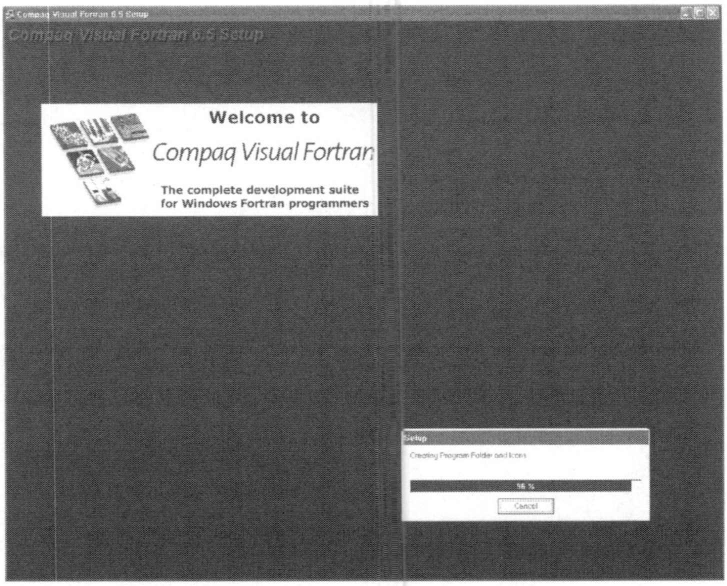

부록 Chapter 2

따라하기

2.1 Fortran의 실행

윈도우 시작 프로그램 메뉴에서 Compaq Visual Fortran6의 Developer Studio를 클릭하여 Developer Studio 바로 가기 포트란을 실행한다.

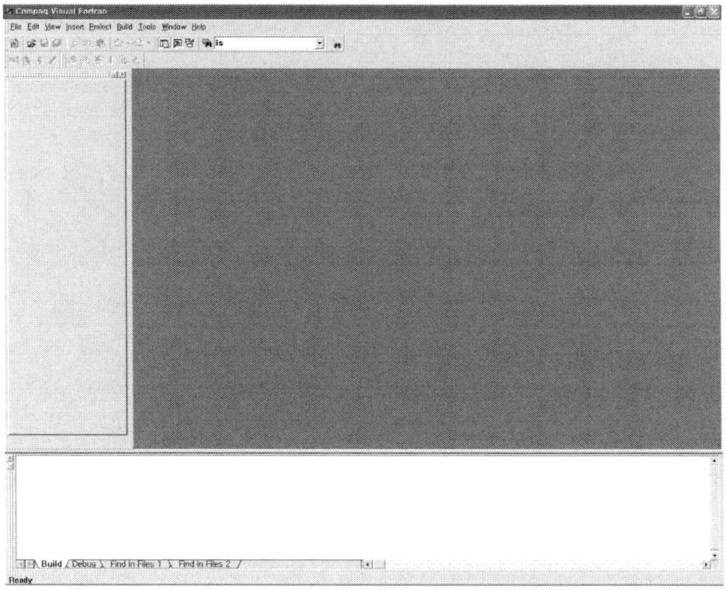

2.2 작업 환경의 설정

포트란 초기화면의 메뉴바에서 Tool→Option 을 클릭하면 다음과 같은 작업환경을 설정할 수 있다. 일반적으로 포트란에서 기본제공하는 설정을 그대로 사용하여도 무방하다.

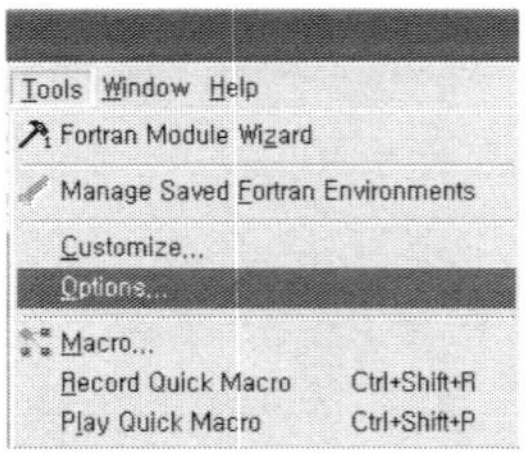

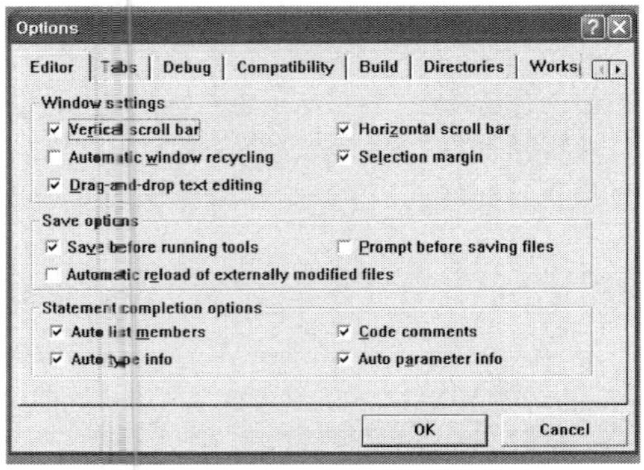

2.3 프로젝트 형식의 설정

Project 는 단일 실행 파일을 만들어내는 소스 코드의 묶음으로 통상적인 포트란 프로그래밍에서는 일반프로그래밍의 형식을 선택한다.

1. 메뉴바에서 New를 선택하여 Project아이콘을 선택한다.
2. Project 창에서 Fortran Console Application(일반프로그래밍)을 선택한다.
3. Project name에 임의의 이름을 입력한다.(예 : EXAMPLE)
4. Location에 저장될 위치를 선택 후 OK를 클릭한다.

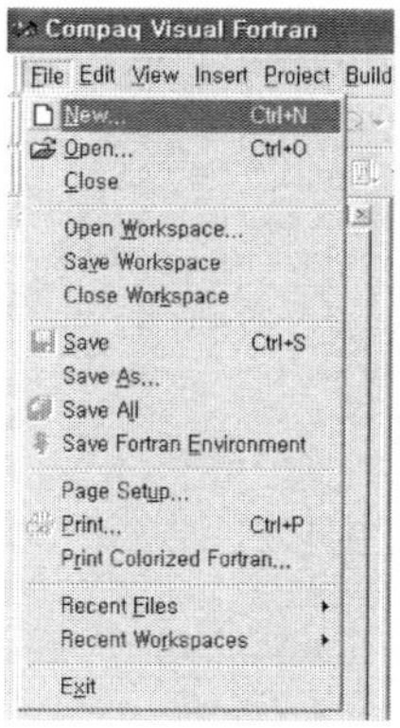

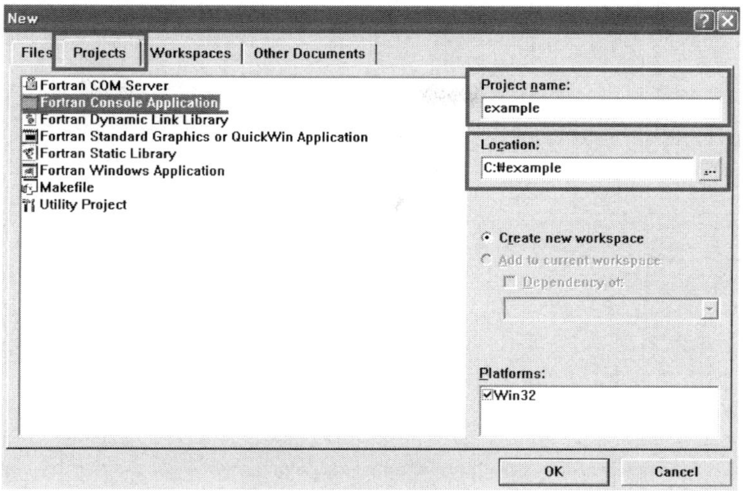

5. Fortran Consol Application의 선택에서 An empty project를 선택 후 Finish를 클릭한다.

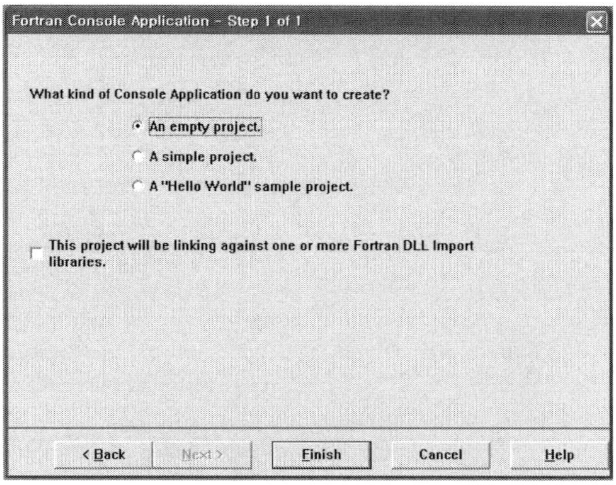

6. 프로젝트 생성 후 다음과 같은 화면이 생성된다.(프로젝트파일 안의 단일 실행파일을 만드는 소스포함)
   탐색기를 열어 보면 프로젝트를 생성한 위치에 example폴더가 생성됨을 알 수 있다.

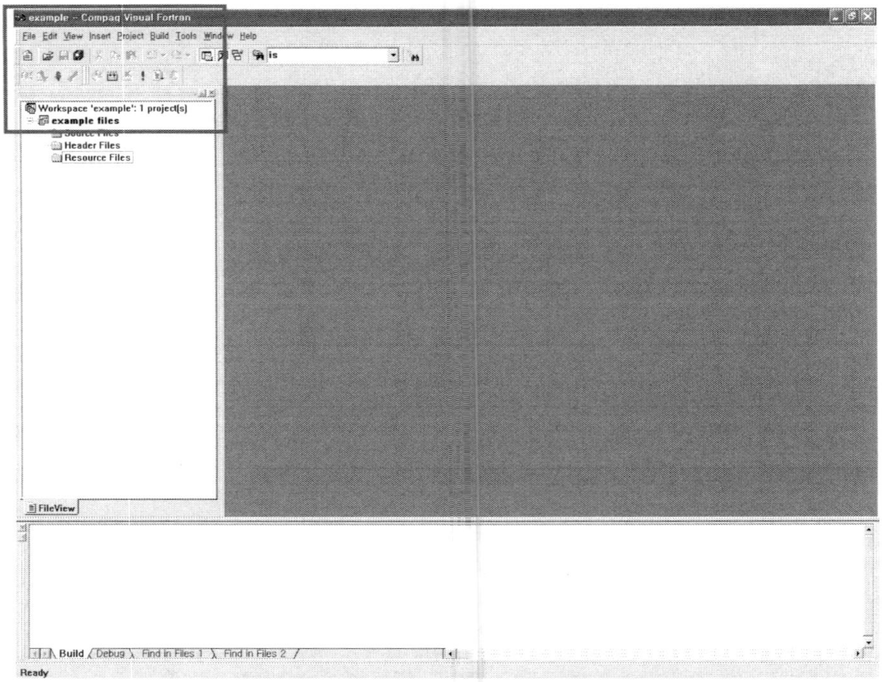
example - Compaq Visual Fortran
File Edit View Insert Project Build Tools Window Help
Workspace 'example': 1 project(s)
example files
Header Files
Resource Files
FileView
Build
Debug
Find in Files 1
Find in Files 2
Ready

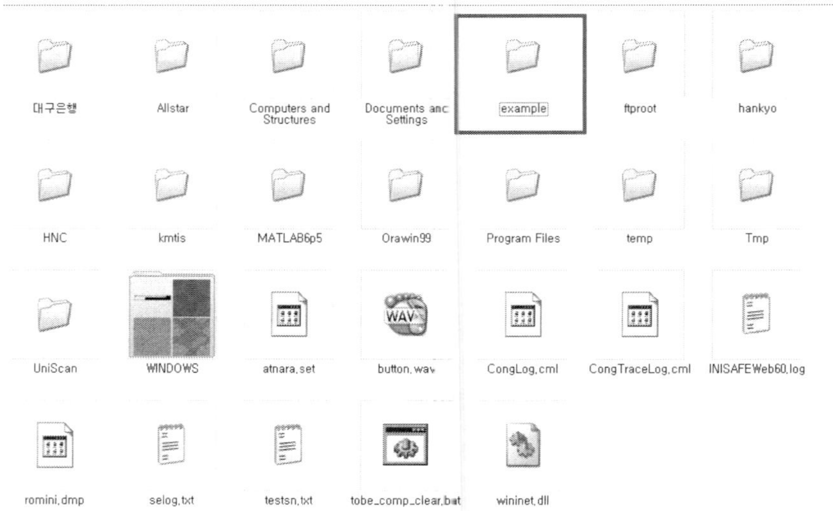
대구은행
Allstar
Computers and Structures
Documents and Settings
example
ftproot
hankyo
HNC
kmtis
MATLAB6p5
Orawin99
Program Files
temp
Tmp
UniScan
WINDOWS
atnara.set
button.wav
CongLog.cml
CongTraceLog.cml
INISAFEWeb60.log
romini.dmp
selog.txt
testsn.txt
tobe_comp_clear.bat
wininet.dll

2.4 파일 형식의 설정

생성된 프로젝트안에서 프로그램을 코딩 하기위하여 새로운 파일을 열고, 파일의 형식을 설정하기 위하여 다음의 순서에 따라 실행한다.

1. 메뉴바에서 File에서 New를 선택한다.

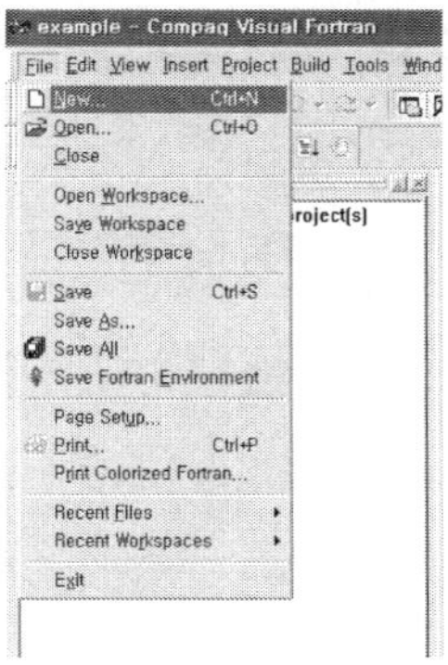

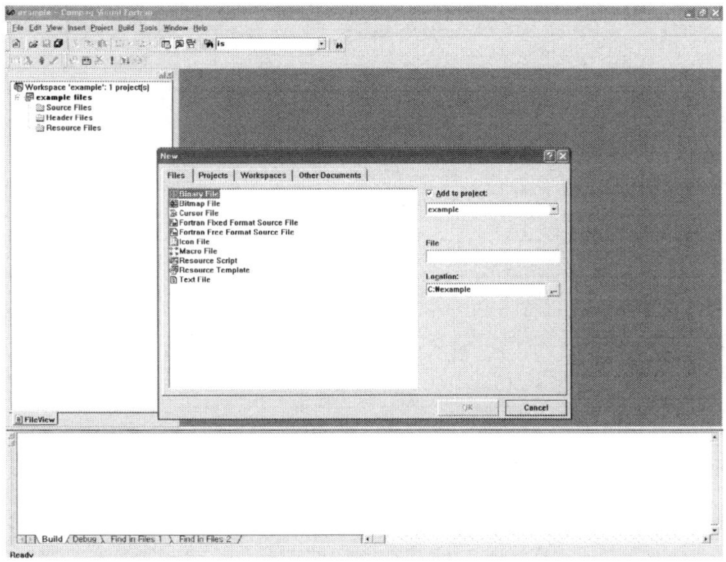

2. File Tab를 선택후 파일의 형식을 선택한다.

(Fortran fixed format Sorurce file 과 Fortran fixed format Sorurce file 중 선택하나 일반적으로 fixed format 이 편리)

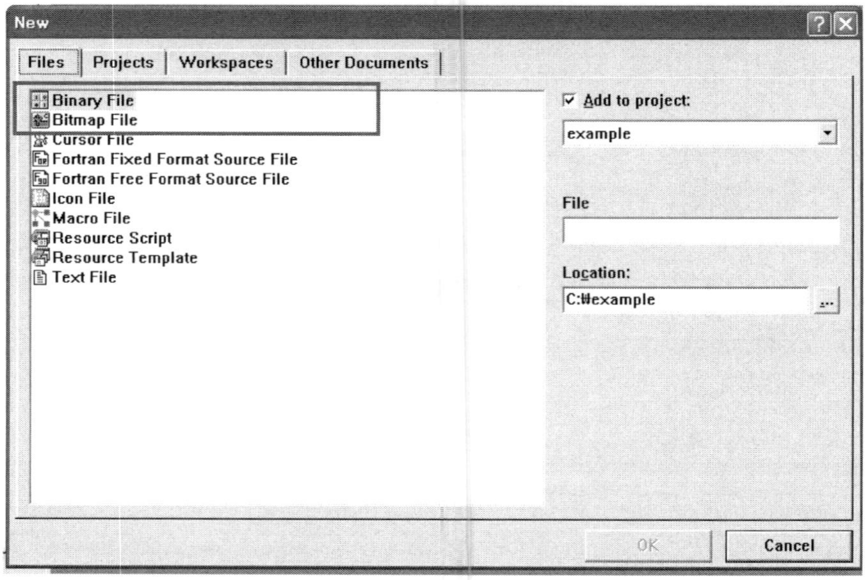

3. 파일을 이름을 선택하고 저장될 Project와 저장될위치를 선택후 OK를 클릭한다.

(1.3절에서 만든 example 프로젝트 폴더안에 저장)

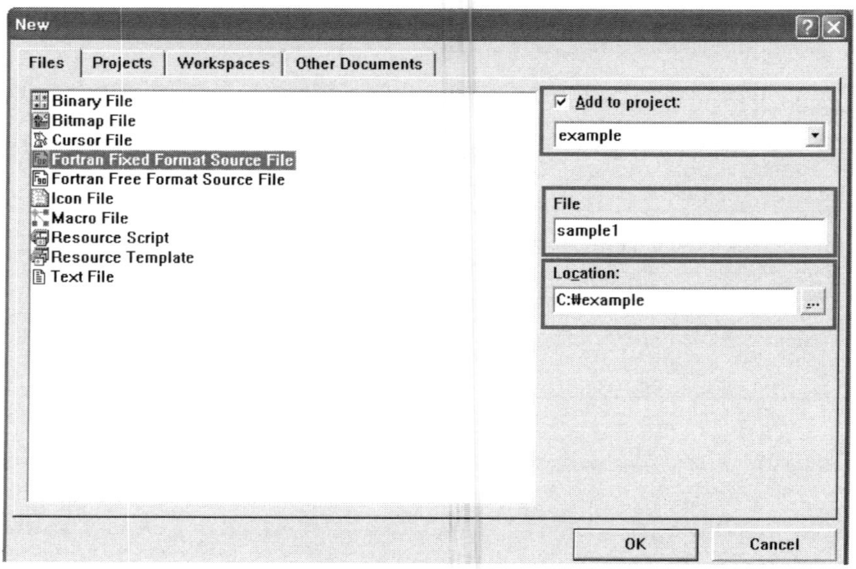

4. 프로젝트 폴더안에 sample1.for 파일이 생성되고, 또한, 포트란 화면은 코딩할 수 있는 sample.for 가 생성된다.

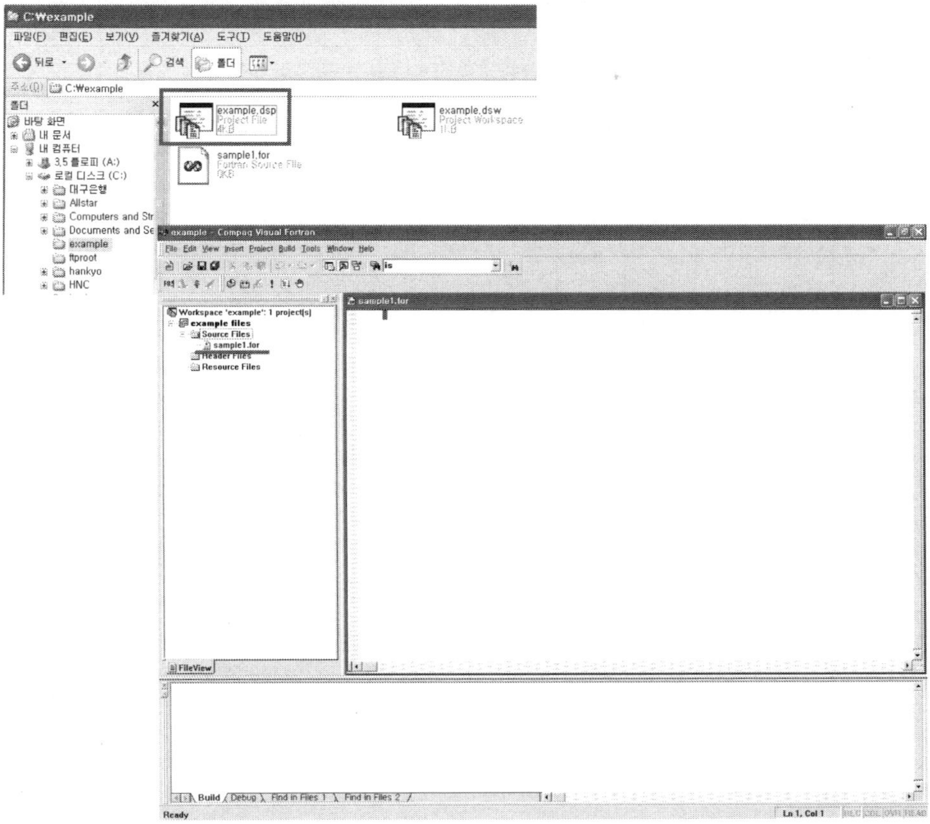

2.5 코딩(Coding)

프로그램을 포트란 화면에서 입력하는 작업을 코딩(coding)라고 한다. 프로그램 코딩시 포트란에서는 대문자와 소문자를 구분하지 않는다.

1. Fixed format style

   ① 1-5열 : 설명문(comment)또는 문번호를 기입한다.

   ② 6열 : 행 계속표시(continue)로 한 개의 명령문이 너무 길어서 한 줄에 모두 적을 수 없을 때 다음 행에 계속 연결할 때 기입하는 것으로 0이외의 어떤

문자든 쓸 수 있다.

③ 7-72열 : 명령문을 쓴다.

④ 73열 이상 : 포트란 컴파일러가 인식하지 않는다. 즉 프로그램수행에 영향을 미치지 않는다.

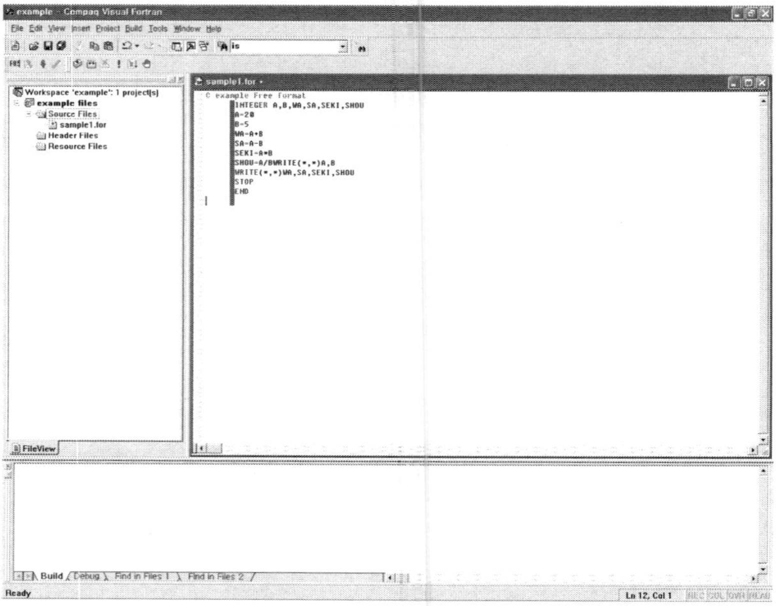

2. Free format style

① 보통 문장번호를 사용하지 않는다.

② 현재의 행의 끝에 "&"를 삽입하면 다음 행으로 명령어가 연속됨을 의미한다.

③ "!"뒷 문자열은 설명문으로 인식.

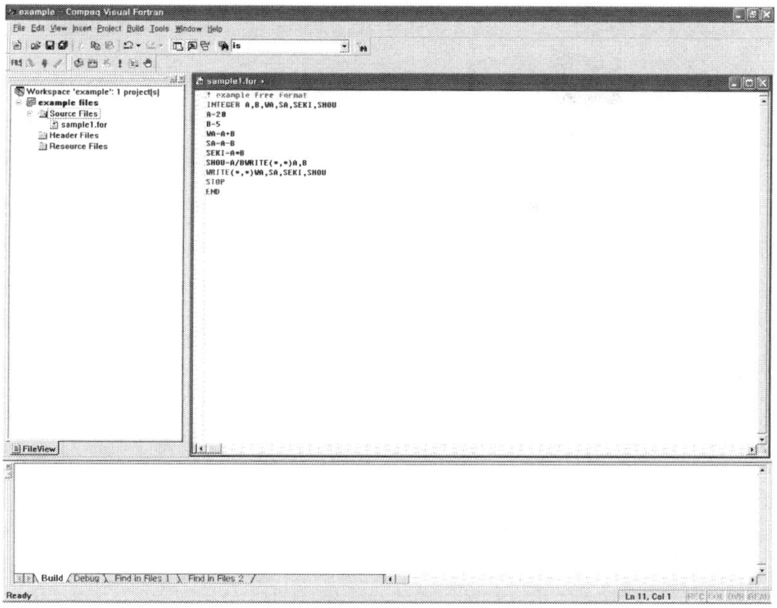

2.6 컴파일링(Compiling)

Fortran으로 작성한 프로그램을 컴퓨터에서 수행하기 위해서 컴퓨터가 직접 이해할 수 있는 언어로 바꾸는 작업을 컴파일링이라고 한다.

1. 메뉴바에서 Build 아이콘의 Compile 아이콘을 클릭한다.

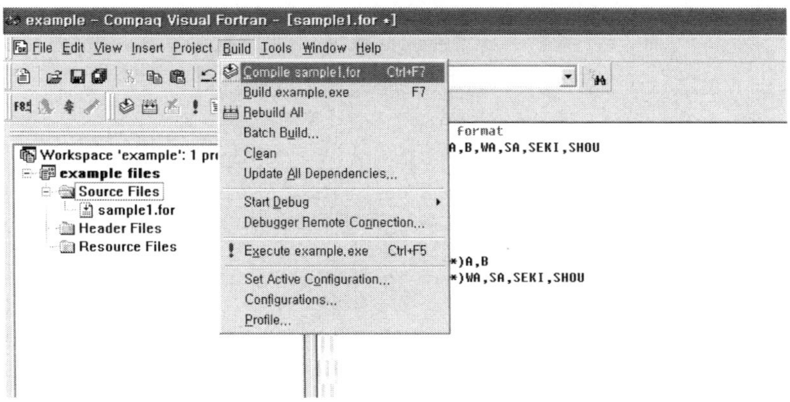

2. 포트란 화면의 아래에 error, warning 이 없는지 확인한다. error, warning 이 생길시에는 프로그램을 수정하여 다시 Compiling 한다.

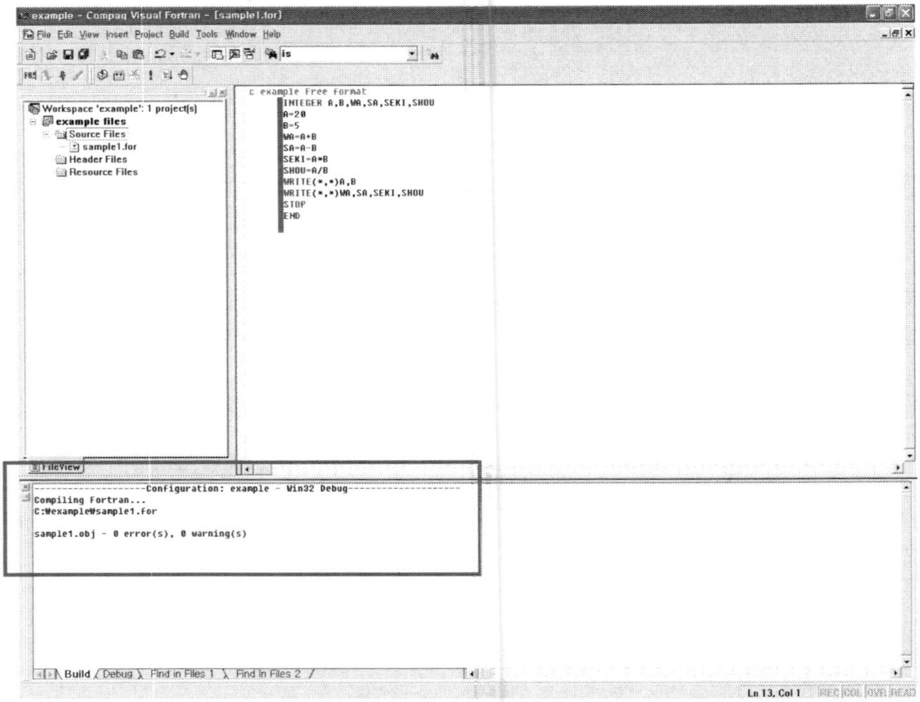

3. 메뉴바의 Build 아이콘에서 Build를 실행한다.

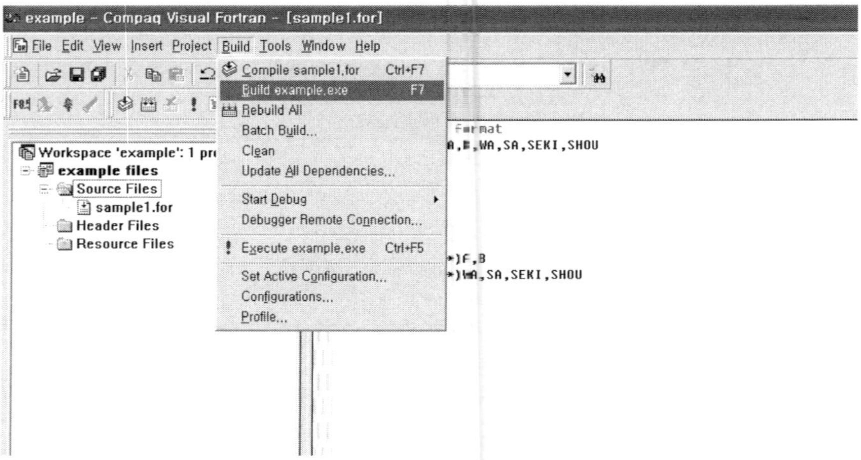

4. Build를 실행하면 프로젝트 폴더에 Debug 폴더가 만들어지고, file이름 .exe, 와 file이름.obj 파일이 만들어 진다.

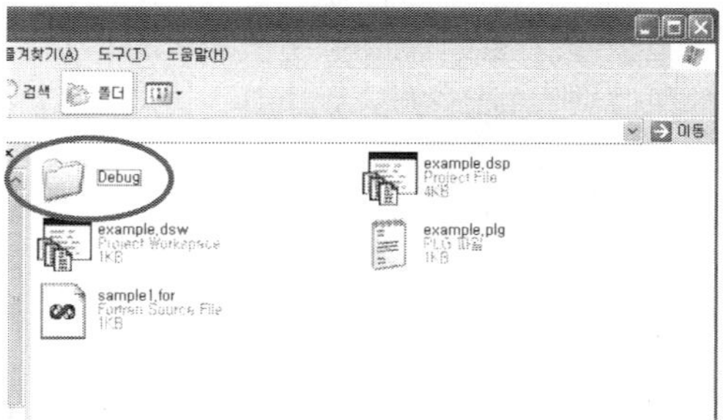

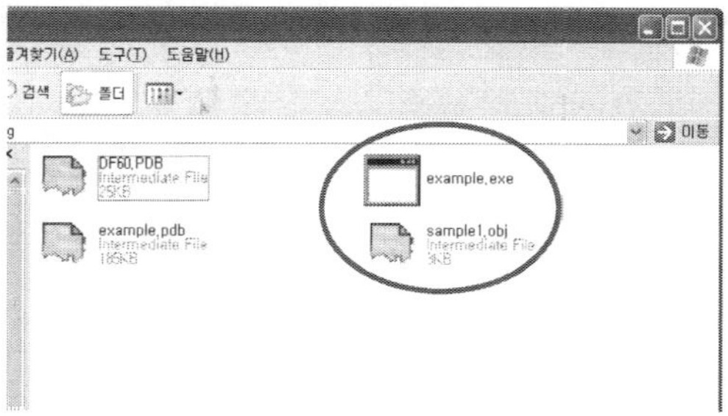

2.7 실행(Execute)

프로그램의 코딩과 컴파일, Build를 실행하여 오류가 없을시 메뉴바의 Build아이콘에서 Execute아이콘을 클릭하여 프로그램을 실행한다.

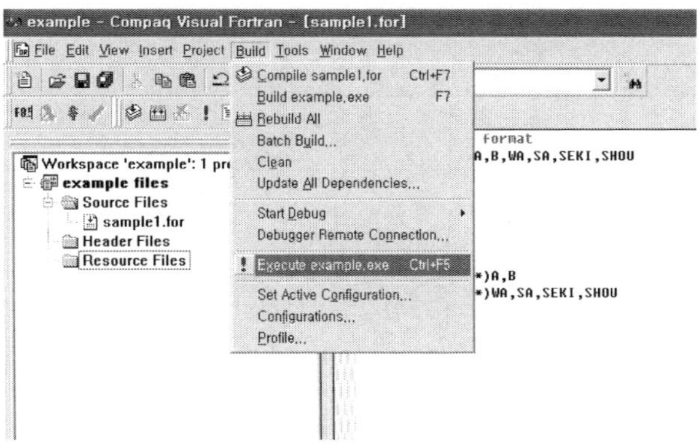

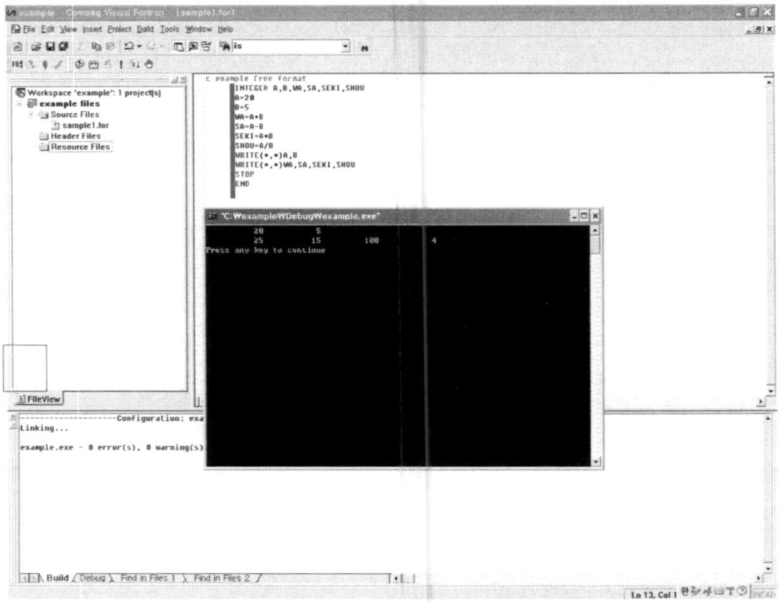

2.8 디버깅(Debugging)

컴파일링에서 에러나 경고 메시지를 출력하였거나 에러나 경고 메시지가 출력되지 않았지만, 옳은 결과값을 나타내지 않았을 때 프로그램의 오류를 찾아서 수정하여야 하고, 이러한 오류를 찾거나 수정하는 작업을 Debugging라 한다.

1. Debug 할 위치에 커서를 두고, Insert/Remove Breakpoint 를 클릭한다.

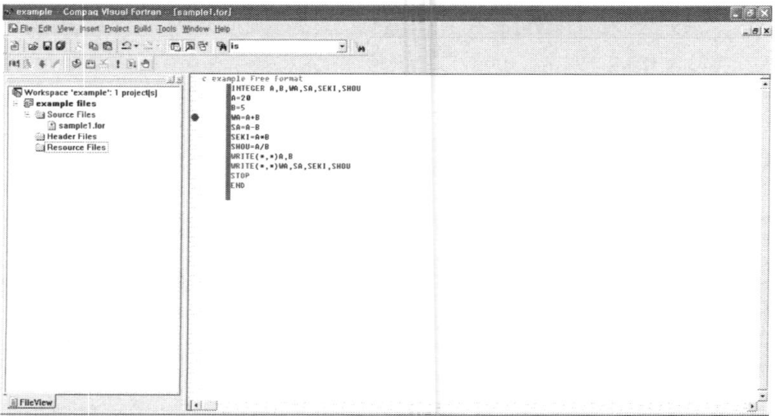

2. 메뉴바의 Build 아이콘의 Start Debug에서 Go를 클릭한다.

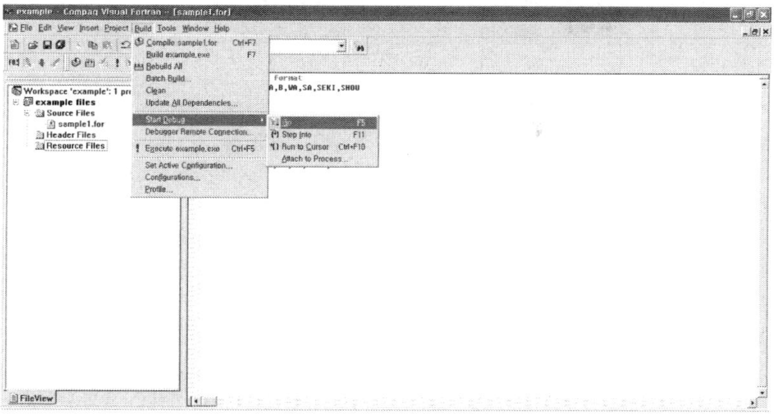

3. 다음과 같은 Debug화면이 생성된다.
   화면의 아래부분에 프로그램의 변수들이 생성된다.

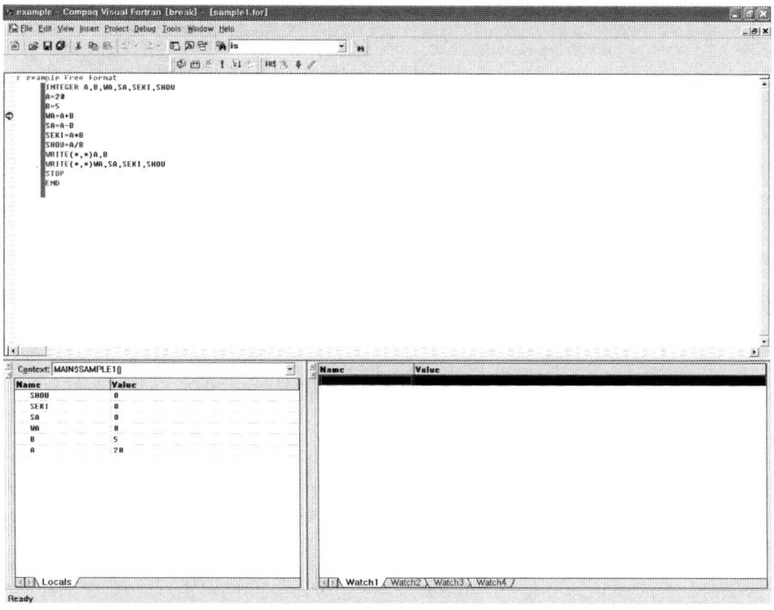

4. 메뉴바에서 Debug아이콘의 Step into (키보드의 F11)을 클릭하면 Step별로 Debug진행상황을 볼수 있고, 화면 아랫변수의 변화를 볼 수 있어 프로그램의 오류를 찾을 수 있다.

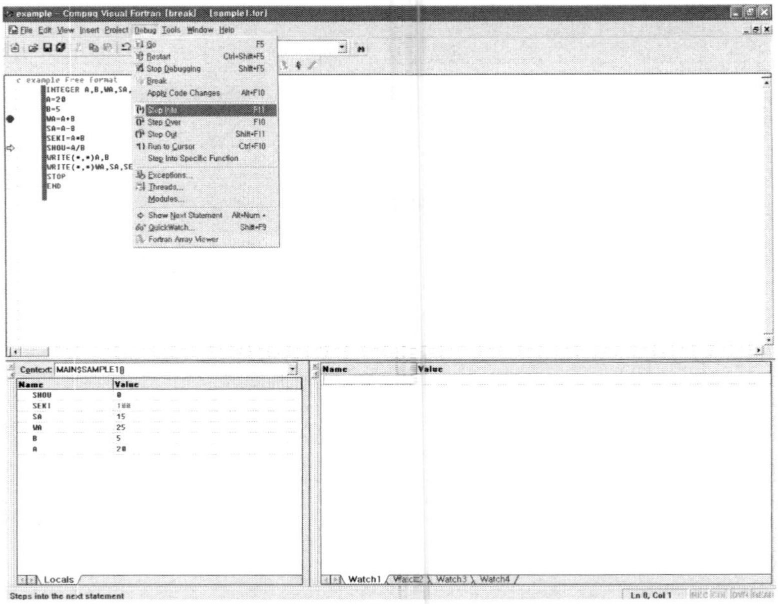

찾 아 보 기